中国—东盟统计文库
China-ASEAN Statistics Library

本书出版得到新一轮广西一流学科统计学建设项目、广西高校人文社科重点研究基地——广西教育绩效评价研究协同创新中心的支持和资助

基于贝叶斯统计理论的
流域防洪治理实证与对策研究

黎协锐 著

U0333249

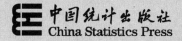

中国统计出版社
China Statistics Press

图书在版编目(CIP)数据

基于贝叶斯统计理论的流域防洪治理实证与对策研究/
黎协锐著. —— 北京：中国统计出版社，2023.9
(中国—东盟统计文库)

ISBN 978－7－5230－0227－8

Ⅰ. ①基… Ⅱ. ①黎… Ⅲ. ①贝叶斯方法－应用－防
洪工程－研究 Ⅳ. ①TV87

中国国家版本馆 CIP 数据核字(2023)第 171438 号

基于贝叶斯统计理论的流域防洪治理实证与对策研究

作　　者/黎协锐
责任编辑/姜　洋
封面设计/李雪燕
出版发行/中国统计出版社有限公司
通信地址/北京市丰台区西三环南路甲 6 号　邮政编码/100073
发行电话/邮购(010)63376909　书店(010)68783171
网　　址/http://www.zgtjcbs.com/
印　　刷/北京捷迅佳彩印刷有限公司
经　　销/新华书店
开　　本/710×1000mm　1/16
字　　数/230 千字
印　　张/14.5
版　　别/2023 年 9 月第 1 版
版　　次/2023 年 9 月第 1 次印刷
定　　价/72.00 元

总前言

　　统计学作为一门重要的交叉学科,既是现代经济学的基础,也是现代管理学的重要组成部分。统计学的应用范围广泛,不仅仅是传统的人口普查和社会调查,还包括了数据挖掘、大数据分析、人工智能等新领域,可以说是现代社会中不可或缺的一部分。随着中国与东盟国家的经济社会发展,对统计学的需求也越来越高,统计学的发展前景非常广阔。

　　中国—东盟统计学院是一所由国家统计局、广西壮族自治区人民政府部省合作共建的统计学院,由自治区统计局和广西财经学院具体承建管理。目前,学院开设经济统计学、统计学、应用统计学三个本科专业,其中经济统计学专业授予经济学学位,统计学与应用统计学专业授予理学学位,专业建设突出政校协同、产教融合和东盟统计特色,不仅是广西高校处于优势地位的经济统计类学科和专业,更是服务中国—东盟经济社会发展的重要人才培养基地。学院还拥有广西高校人文社科重点研究基地——广西教育绩效评价研究协同中心、广西财经大数据级重点实验室、中国—东盟创新治理与知识产权研究院等自治区级研究平台,为学院出版一系列统计学方面专著提供了强有力的支撑。

　　出版"中国—东盟统计文库",是中国—东盟统计学院领导高度重视的一项重要工作。学院将组织高水平教师队伍,开展统计学方面的国家级系列研究课题,特别是服务中国—东盟区域经济社会发展的应用研究项目,出版系列"中国—东盟统计文库"。本系列文库的出版,旨在为读者提供一扇了解统计学的新窗口,同时推进中国—东盟区域高水平的统计交流与合作,更好地服务中国—东盟命运共同体的建设。

虽然"中国—东盟统计文库"得到学院领导高度重视,但我们也深知作者水平有限,书中可能存在不足之处,敬请广大读者批评指正。我们将用最大的努力保证本系列文库的质量,并期待为您带来更多的收获。

最后,我们感谢广大读者的支持,也感谢出版团队的辛勤付出。在未来的日子里,我们将继续努力,为您呈现更高质量的出版作品,推进中国—东盟区域高水平的统计交流与合作,更好地服务中国—东盟命运共同体的建设。

中国—东盟统计学院

2023 年 5 月

序

　　贝叶斯统计是当今世界两大主要统计学派（频率学派和贝叶斯学派）之一，两大学派之间长期存在争论，对统计学的发展起到了积极的促进作用。经典统计方法主要利用总体信息（即总体分布信息）和样本信息进行统计推断，贝叶斯估计方法除了总体信息和样本信息之外，还要使用先验信息，贝叶斯公式把三种信息融合起来得到后验信息，据此对所研究的问题作出估计。而先验和后验是相对的，得到的后验可以作为下一次估计的先验。从理论上讲，贝叶斯统计方法得的结论是更精确的，至少是在利用贝叶斯公式进行先验后验反复迭代中越来越精确的。这种"实践—认识—再实践—再认识"的思维过程非常符合哲学上讲的认识论规律，因此得到越来越多人的推崇和广泛应用。

　　贝叶斯统计学的研究近年来在不断向前推进，但理论研究突破不大，最引人注目的是它的普及和广泛应用。洪涝灾害是当今我国最主要的自然灾害之一，已成为制约我国经济社会可持续发展的一个重要因素，防洪减灾的任务艰巨而迫切。近年来，有不少学者在进行贝叶斯估计方法的防洪应用研究，包括在水文分析、洪水预测等方面的应用，取得了一些重要成果，为各级政府在防洪减灾工作中做到科学决策和精准施策提供了有益的参考。

　　黎协锐教授长期和广西水利水文系统相关部门开展合作，利用统计方法特别是贝叶斯统计方法，对地处广西腹地的珠江—西江流域开展了一系列的防洪应用研究工作。该书汇集了黎协锐教授及其研究团队十多年来通过承担广西自然科学基金项目、国家社会科学基金项目和国家自然科学基金项目,在流域洪水频率分析、洪水概率变点研究和洪水预测预警方法构建等方面取得的一些非常有价值的研究成果。珠江—西江流域作为一个国家级的重点防洪流域,受到洪涝灾害的严重威胁,厘清西江流域洪水的变化规律,科学有效开展流域的防洪治理,事关西江流域特别是下游珠江三角洲地区——粤港澳大湾区成千上万亿元人民币的工农业生产总值的安全,做好防洪减灾工作意义重大。

　　该书系统性强,内容丰富,叙述新颖独特,是一本不可多得的贝叶斯统计应用研究专著。随着贝叶斯统计理论的不断完善和发展,以及相应的计算机软件的研制,贝叶斯统计在经济及其他领域中的应用必将越来越广泛。

魏文达

原广西壮族自治区水利学会副会长
广西壮族自治区水文水资源局局长
教授级高级工程师
2023 年 7 月

前　言

　　洪涝灾害是我国最主要的自然灾害之一,每年汛期,我国长江流域,黄、淮、海河流域,珠江—西江流域以及东南沿海等地,都会发生大大小小的洪涝灾害,受灾人口往往数以几百万、几千万甚至以亿计,造成的经济损失,少则几百亿,多则数千亿元人民币。不管从受灾人数、死亡人数,还是灾害的经济损失来看,洪涝灾害在各种灾害中都占居前列或首位。由于人类活动对自然生态环境的破坏性影响,温室效应逐渐显现,全球气候变暖已经是不争的事实,由此引发的自然灾害包括洪涝灾害的发生越来越频繁,损失越来越严重。

　　我国地域辽阔,山川河流众多,自然地理特征千差万别,受季风气候因素的影响,降水的时序、空间分布都极不均衡,洪涝灾害时有发生。自大禹治水甚至前古开始,中华民族就是从与洪水的斗争中,筚路蓝缕一路走来,赓续了五千多年连绵不断的华夏文明。从某种意义上说,中华文明的历史,就一部波澜壮阔的与洪水作斗争而求生存、求发展的治水史,这是由中国特殊的国情水情决定的。

　　洪水是阻碍我国经济社会发展的一个重要制约因素,防洪治理工作繁重而迫切。治水,特是做好流域的防洪治理,防灾减灾,成为人们的重大关切,更成了各级政府经济社会建设和治国安邦的重大责任,正所谓"善治国者必治水,善为国者必先治水"。而做好流域的防洪治理工作,必须依靠科技的力量,切实开展流域防洪治理的相关研究工作,做到科学决策和精准施策。二十世纪九十年代以来,各种统计理论包括贝叶斯统计理论在防洪治理方面得到了广泛应用,取得了一些非常有价值的研究成果。特别是,洪水的预报预警在防洪策略中占重要地位,是一项重要的防洪非工程措施,而在贝叶斯洪水预报模型和基于贝叶斯方法的洪水概率预报方面也取得了一定的进展。另外,在流域的洪水频率变动分析方面,特别是特大洪水发生的频率或重现期,对水利工程、重要基础设施建设和城市的安全都有密切影响,这方面的统计研究成果也可圈可点。但是,现有的这些研究还不够全面、深入和有效,实际部门的应用成果不多。地处滇、黔、桂、粤腹地的珠江—西江流域,是一个国家级的防洪重点流域,处于整个大珠江流域及珠江三角洲经济发达地区的控制性区域,是受洪水威胁非常严重的一个地区,防洪治理工作犹为迫切。

本书根据作者及其研究团队承担的广西自然科学基金项目、国家社会科学基金项目和国家自然科学基金项目,对流域防洪治相关问题展开了一系列比较深入的研究工作。我们的研究目标是依据珠江—西江流域历史和实测洪水水文数据,以珠江—西江流域两个控制性重点水文站——南宁、梧州水文站为主要观察点,综合流域的整体情况,基于贝叶斯统计理论与经典统计方法相融合的统计分析技术,结合对我国治水历史时空演变的学术梳理和一些具体历史考证分析,开展流域防洪治理实证与对策研究。着力探讨西江流域防洪治理的现状,厘清西江流域洪水的变化规律;做好洪水的预测预警,准确评估洪水对流域相关省、区、市的影响;开展中国特色社会主义新时代的治水和流域防洪治理义化治水新探索;基于相关研究结论对珠江—西江流域防洪治理提出对策建议。这不但事关西江流域本身的防洪工作,更关系到西江下游珠江三角洲地区成千上万亿元工农业生产总值的安全。因此,做好珠江—西江流域的防洪治理工作对已经上升为国家发展战略的珠江—西江经济带的安全发展意义重大。

作为一本学术专著,本书所展现的大部分内容来源于作者及其研究团队全体研究人员十多年潜心研究的成果和心得。特别是广西南宁水文站韦广龙站长,结合他长期从事水文统计的实际经验,深度参与了本书相关问题的研究工作,为本书提供了及时有效的研究水文数据和应用场景。几乎所有研究成果通过韦站长参加了中国水利学会、广西水利学会的年度学术论文评选,分别获得中国水利学术大会优秀论文一等奖 1 个,广西水利学会优秀学术论文一等奖 2 个、二等奖 4 个、三等奖 2 个,研究成果得到国内水文水利界的充分肯定。本书的重要成果之一—— 洪水预测预警系统 V1.0 是由研究团队成员卢守东高级工程师负责软件设计,编码的工作量很大,他付出了艰苦劳动。其他研究团队成员广西财经学院的邹毅博士,涂水年、宁良烁、何利萍这些年轻学者和桂林电子科技大学的刘永宏教授等从不同角度深度参与了本书相关问题的研究工作。系列项目研究十多年来,还得到了广西水文水资源局、南宁市水文水资源局、梧州市水文水资源局等广西水利水文系统相关部门的大力支持,特别是原广西水文水资源局局长魏文达教授级高级工程师、原广西水文水资源局潘新华总工程师、原梧州市水文水资源局李创生总工程师等一直关心和支持项目的研究工作,为我们提供了非常好的研究便利。中国—东盟统计学院院长何庆光教授对本书的出版非常关心,提供了大力支持。这些都为本书的整理出版提供了极大帮助,在此一一表示衷心感谢。

　　本书主要是由广西自然科学基金项目"基于贝叶斯估计理论的防洪应用研究"、国家社科基金项目"基于贝叶斯统计理论的流域防洪治理实证与对策研究"和国家自然科学基金项目"城镇化背景下广西洪涝灾害损失的时空演变、驱动机制及应对研究"等团队研究成果整理出版,由于研究深度和广度的限制,再加上作者水平有限,书中难免有疏漏和不妥之处,敬请读者批评指正。

2022 年 7 月于中国—东盟统计学院

目 录

第一章

导　论

第一节　研究背景和研究意义

一、研究背景

洪涝灾害是当今我国最主要的自然灾害之一。每年汛期，在我国很多地区，特别是长江流域，黄、淮、海河流域，珠江—西江流域以及东南沿海等地，都会发生大大小小的洪涝灾害，受灾人口往往数以几百万、几千万甚至以亿计，造成的经济损失，少则几百亿，多则数千亿元人民币。为了用实际数据反映洪涝灾害的时空演变趋势，这里截取了由联合国和我国有关部门统计的部分自然灾害的相关数据，表1—1—1是1950—2020年世界特大自然灾害发生次数分类统计表；表1—1—2是1950—2020年全球重大自然灾害损失中各灾种所占百分数；表1—1—3是二十世纪九十年代以来我国部分年份的洪涝灾害统计表。由表中数据可知，从灾害造成的受灾人数、死亡人数、经济损失等方面来看，洪涝灾害都是最严重的自然灾害之一。

由于人类活动对自然生态环境的破坏性影响，温室效应逐渐显现，全球气候变暖已经是不争的事实。温室效应导致大陆冰川和冰盖融化，海平面不断上升，严重威胁沿海国家或地区的环境安全；极端天气出现频率持续增加，如

表 1－1－1　1950—2020 年世界特大自然灾害发生次数分类统计表

分　类	1950—1959 年	1960—1969 年	1970—1979 年	1980—1989 年	1990—1999 年	2000—2010 年	2010—2020 年
气象类	13	16	29	44	72	83	102
非气象类	7	11	18	19	17	20	36

数据来源：EM－DAT 灾难数据库数据。

表 1－1－2　1950—2020 年全球重大自然灾害损失中各灾种所占百分数

单位：%

项目	洪水	干旱	热带风暴	地震	其他灾种
经济损失	32	22	30	10	6
受灾人数	32	23	20	14	11
死亡人数	25	3	19	13	40

数据来源：历年《中国统计年鉴》《中国气象灾害年鉴》。

表 1－1－3　二十世纪九十年代以来我国洪涝灾害统计表

年　份	受灾面积(万亩)	成灾面积(万亩)	直接经济损失(亿元)
1990	17706.00	8407.00	911.76
1991	36894.00	21921.00	749.08
1992	14135.00	6696.00	412.77
1993	24581.00	12915.00	641.74
1994	28288.00	17234.00	1796.60
1995	21550.00	12001.00	1653.30
1996	30914.00	18918.00	2208.36
1997	19702.00	9772.00	930.11
1998	38700.00	23800.00	2466.00
1999	14408.00	8084.00	930.23
2000	13568.00	8394.00	711.63
2001	9063.00	5421.00	2860.46
2002	18432.00	11082.00	5817.51
2003	28812.00	18433.50	9093.64
2004	10971.00	5620.50	3462.67

续表

年 份	受灾面积（万亩）	成灾面积（万亩）	直接经济损失（亿元）
2005	16398.00	9070.50	5175.54
2006	12004.50	6853.50	3788.86
2007	15694.50	7657.50	4953.50
2008	9715.50	5484.00	3066.41
2009	11419.50	4743.00	3604.22
2010	26286.90	10536.00	5339.90
2011	12614.85	1309.20	3096.40
2012	16830.60	1642.95	4185.50
2013	17140.35	2743.35	5808.40
2014	10833.00	1465.35	3373.80
2015	11011.95	1261.50	2704.10
2016	15832.35	2163.60	5032.90
2017	8713.20	1149.15	3018.70
2018	10924.65	1514.85	2644.60
2019	12907.20	2221.20	3270.90
2020	16589.40	2247.00	3701.50

数据来源：根据历年《中国统计年鉴》和水利部相关数据统计计算。

洪水、干旱、极端气温等，对工农业生产和人类生活造成极大困扰；全球生态系统受到影响，生态环境改变，加快了生物物种的灭绝速率。在这样的全球气候大背景下，自然灾害包括洪涝灾害发生的次数越来越频繁，损失越来越严重，对人类的生存和发展构成越来越严峻的威胁。应对全球气候变暖，保护生态环境成为全人类必须共同面对的重大挑战。

我国地域辽阔，山川河流众多，自然地理特征千差万别，受季风气候因素的影响，降水的时序、空间分布都极不均衡。夏季普遍高温，雨热同期，降水多而集中，洪涝灾害发生极为频繁。其他季节，特别是秋、冬两季降水量少，蒸发量大，易造成干旱。年际间，如遇冬、夏季风强弱反常时，会导致降水波动大和热量条件的不稳定，常会带来严重的旱涝灾害。在地域分布上，由东南沿海到西北内陆地区距离海洋越来越远，受海洋的影响越来越小，降水量呈逐渐递减态势，形成东南沿海洪涝，西北干旱的基本灾害特征。如何战胜洪涝和干旱灾害，克服这种不平衡、不协调状态，满足农作物生长和百姓生活的基本需求，历来是中国农耕文明面临的最大挑战之一。自大禹治水甚至前古开始,中华民族就是从与洪水的斗争中,筚路蓝缕一路走来,赓续了五千多年连绵不断的华夏文明。从某种意义上讲,中华文明的历史,就是一部波澜壮阔的与洪水作斗争而求生存、求发展的治水史,这是由中国特殊的基本国情水情所决定的。

据有关部门统计,目前全国经常受洪水威胁的大中城市有 100 多座,涉及 5 亿多人口。特别是 1998 年在我国发生的全国性多流域大洪水,包括长江、黄河、珠江、淮河、海河、嫩江、松花江等大江大河流域都相继发生了非常严重的洪涝灾害,是二十世纪发生的一次全流域型的特大洪水。根据中华人民共和国水利部的相关统计,全国共有 29 个省(区、市)遭受了不同程度的洪涝灾害,受灾人口 2.23 亿,造成死亡人数 4150 人,受灾面积达 3.87 亿亩,成灾面积 2.38 亿亩,直接经济损失就高达 2466 亿元之巨,是我国历史上少有的特大洪水。2004 年 7 月、2008 年 6 月和 2014 年 6 月,珠江—西江流域短短几年间再次相继发生流域性大洪水,量级达到 50 年一遇~100 年一遇,一度严重威胁珠江—西江流域下游珠江三角洲经济发达地区数千万人民生命和财产安全。

洪水是阻碍我国经济社会发展的一个重要制约因素,防洪治理工作繁重而迫切。治水,特是做好流域的防洪治理,防灾减灾,成为人们的重大关切,更成了各级政府经济社会建设和治国安邦的重大责任,正所谓"善治国者必治水,善为国者必先治水"。而做好流域的防洪治理工作,必须依靠科技的力量,切实开展流域防洪治理的相关研究工作,做到科学决策和精准施策。二十世纪九十年代以来,各种统计理论包括贝叶斯统计理论在防洪治理方面得到了广泛应用,取得了一些非常有价值的研究成果。特别是,洪水的预报预警在防洪策略中占重要地位,是一项重要的防洪非工程措施,而在贝叶斯洪水预报模型和基于贝叶斯方法的洪水概率预报方面也取得了一定的进展。另外,在流域的洪水频率变动分析方面,特别是特大洪水发生的频率或重现期,对水利工程、重要基础设施建设和城市的安全都有密切影响,这方面的统计研究成果也可圈可点。但现有的这些研究还不够全面、深入和有效,实际部门的应用成果不多。地处滇、黔、桂、粤腹地的珠江—西江流域,是一个国家级的防洪重点流域,处于整个大珠江流域及珠江三角洲经济发达地区的控制性区域,是受洪水威胁非常严重的一个地区,防洪治理工作尤为迫切。

本书的研究目标是依据珠江—西江流域历史和实测洪水水文数据,以珠江—西江流域两个控制性重点水文站——南宁、梧州水文站等为主要观察点,综合流域的整体情况,基于贝叶斯统计理论与经典统计方法相融合的统计分析技术,结合对我国治水历史时空演变的学术梳理和一些具体历史考证分析,开展流域防洪治理实证与对策研究。着力探讨西江流域防洪治理的现状,厘清西江流域洪水的变化规律；做好洪水的预测预警，准确评估洪水对流域相关省、区、市的影响；开展中国特色社会主义新时代的治水和流域防洪治理文化治水新探索；基于相关研究结论对珠江—西江流域防洪治理提出对策建议。这不但事关西江流域本身的防洪工作，更关系到西江下游珠江三角洲地区成千上万亿元工农业生产总值的安全。因此，做好珠江—西江流域的防洪治理工作对已经上升为国家发展战略的珠江—西江经济带的安全发展意义重大。

二、珠江—西江流域概况

(一)流域水系

珠江—西江流域是我国最重要的四大流域之一，年均径流量和航运量仅次于长江，均居全国第二。西江水系是珠江流域的干流，上游南盘江发源于云南省沾益县马雄山，至梧州会桂江后始称西江，此后流入广东省肇庆市封开县，向东流经肇庆至佛山三水的思贤滘与北江相通后进入珠江三角洲河网区。西江流域绝大部分在云南、贵州、广西、广东等省份内，从源头至思贤滘干流长2075 km，其中广西境内1867 km，广东境内208 km。流域集雨面积353120 km²，其中广西境内就占202400km²，占全流域面积的85.7%，广东境内17960 km²。广西壮族自治区境内年均降雨量1647mm，广东省境内年均1577 mm。西江流域年均径流量2330亿m³，其中广东省境内年均产流量仅149.6亿 m³。

西江的正源为南盘江，发源于云南乌蒙山南部沾益县的马雄山主峰东麓，向南流至开远附近，转而折向东北，成为贵州与广西的界河，其支流北盘江汇入后称红水河。从南、北盘江会合处到梧州为西江的中游。中游的不同河段又有不同的名称，石龙以上称盘江，由于这段河水挟带了许多泥沙，水色红褐，所以又称为红水河。红水河与柳江相会后称黔江，黔江至桂平附近接纳支流郁江后称浔江。浔江继续东流到梧州附近汇合桂江后才称西江，西江流域控制性水文站梧州站位于梧州市区境内。西江流到广东佛山市三水区思贤滘汇合北江流入珠江三角洲。

西江的支流以郁江为最大，长1179公里。郁江上游有右江和左江两源，右江在百色以上为峡谷河道；左江也称丽江，发源于越南，由水口关进入中国，河道以多弯曲为特征。自左、右江的汇合点三江口到横县，全长210公里，称为邕江；横县以下叫郁江。郁江转向东北，流至桂平注入西江干流黔江。郁江流域控制性水文站南宁站位于南宁市区境内。

西江的第二条大支流是柳江，其上游称融江。柳江流域有不少石灰岩分布，多峰林和溶洞。这种天然洞穴是古代原始人的栖身之所。1958年在柳江通天岩内曾发现柳江人化石，它的时代和北京周口店山顶洞人相当，对研究人

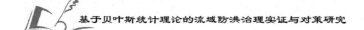

类发展史价值很大。

（二）洪水特征

受亚热带季风气候的影响，珠江—西江流域洪水主要由暴雨形成，暴雨分布面广，雨量多，强度大。流域地形地貌从西往东呈树枝状分布，梧州是整个流域的汇水口，自此直奔珠江三角洲河网区。支流多为扇形状，上游多为山地丘陵，坡度陡峭，河床坡降大，容易造成山洪暴发及内涝，支流很快汇集到干流，而中下游河床狭窄，一时排泄不畅，容易形成峰高、量大、历时长的洪水。其中，西江洪水是珠江三角洲洪水的主要来源。根据西江流域 1994 年、1998年、2005 年和 2008 年四场灾害性暴雨洪水实测资料，对暴雨洪水发生过程进行分析，可以看到：四场暴雨雨量分布不均，降雨历时均大于 10 天，且暴雨相对中心值呈减小趋势，暴雨中心沿河流流向移动易导致灾害性洪水。1998 年和 2005 年两场 100 年一遇洪水均为全流域大量级暴雨遭遇导致，两场暴雨均有雨量大、时间变差系数 V_t 值小和雨峰系数 C_p 值大，主雨峰峰现时间迟的特点。暴雨中心均有向下游转移的趋势，空间变差系数 V_p 值均趋于增加，空间分布趋于集中。自二十世纪六十年代以来，西江流域的洪水灾害发生越来越频繁，其中令人印象深刻的是[1]：

1.1968 年 8 月 17 日郁江洪水。8 月上、中旬，左、右江连降暴雨，山洪暴发，8 月 17 日邕江水猛涨，南宁市区有 50% 被水淹，17 日洪峰水位达 76.91米，洪峰流量 13300～13400m³/s。

2.1998 年 6 月中上旬，华南地区普降暴雨到大暴雨，西江流域局部特大暴雨，造成梧州出现 100 年一遇特大洪水。6 月 19 日，梧州水文站出现水位达26.51 米的历史罕见洪峰水位，给两广带来严重的灾害，史称"6.19"特大洪水。

3.2001 年 7 月郁江洪水。2001 年 7 月 21 日，台风连着暴雨，闪电夹着雷鸣。三号台风"榴莲"形成的洪水自西向东直冲邕江，四号台风"尤特"带来的暴雨自东向西袭击南宁。两场特大暴雨东西夹击，广西首府南宁出现了新中国成立以来的最大洪水。南宁水文站出现洪峰水位 77.95 米，洪峰流量13400m³/s。7 月 6 日，炎炎烈日，漫漫长堤，红旗飘飘，号子嘹亮。解放军、武警官兵、民兵、机关干部、企事业单位职工、学生，10 万抗洪大军活跃在邕江大堤上。他们铲沙土，背沙袋，固大坝，筑堤防，抗洪抢险，保大堤。

4.2005 年 6 月 22 日，梧州河东防洪堤堤顶被洪水漫顶。洪水漫过梧州市河东城区防洪堤时，西江梧州段水位达 25.40 米，已经超出河东城区防洪堤设计防洪水位近 1 米。最终，梧州站录得洪峰最高水位达 26.75 米，超过 1998年 26.51 米的历史罕见洪峰水位。短短几年时间，相继出现两次所谓 100 年一遇特大洪水，实属史所罕见。

三、研究意义

（一）理论意义

1. 提供一种基于贝叶斯统计理论和经典统计方法相结合的水文统计分析方法，丰富水文分析研究的手段，为各种水文预报模型提供一种方法性的框架，估计未来各种水文事件的相关预测特征值。

2. 突破传统确定性分析方法和经典统计分析方法在数据的利用和样本学习方面的局限性，以提高洪水水文预报分析的精确度和可靠性。

3. 基于贝叶斯统计与经典统计相融合的统计分析技术，构建符合实际推广应用的洪水频率分析模型和洪水预测预警模型，为防洪治理工作提供多种统计分析手段，这些预测分析模型是可以与传统方法相融合的。

（二）现实意义

本研究的现实意义主要体现在三个方面：

1. 基于贝叶斯统计理论，利用先验分布和后验分布反复迭代，以概率分布的形式来描述预报的不确定性，这种方法可与其他的水文模型相耦合。特别是贝叶斯 MCMC 方法不仅可以较为准确地估算各类洪水的设计值，同时还可以对设计值估计的不确定性作出定量评估。此外，将历史稀遇的特大洪水信息用于水文频率分析，可以显著地降低贝叶斯 MCMC 模型估算结果的不确定性，因此在水文频率分析研究中，尽量挖掘历史特大洪水信息，扩充洪水的信息量，对提高水文模型预估结果的可靠性具有重要意义。

2. 基于贝叶斯统计理论和经典统计方法相结合的统计分析技术，构建洪水的预测预警模型，准确预报洪水发生与变化的趋势，可以为防汛抢险、防洪减灾提供决策依据，为水资源的合理利用和工农业的安全生产服务。构建的二阶合成流量模型洪水预测预警方法，在一定程度上解决了原有预报方案预见期短，因而影响洪水预警时效性的问题。二阶合成流量模型在南宁站的洪水预警应用取得了成功，并正在西江流域其他水文站点进行推广应用。二阶合成流量法实用简单，预测准度高。

3. 洪水频率分析是通过设计断面洪水资料推求洪水频率曲线的分析计算，经分析计算估计洪水峰量的频率或重现期，为流域防洪治理、防洪减灾、水利工程建设和国家基础设施建设提供决策依据。根据以西江流域郁江南宁站为代表的珠江—西江流域洪水重现期实证分析的基本判断，近百年来珠江—西江流域洪水的发生有次数更加频繁、量级在逐渐递增、灾害损失越来越严重的趋势。如何进一步开展流域的防洪治理，确保江河安澜及流域的经济社会可持续发展，这是流域各级政府必须时刻考虑的重大社会民生问题。

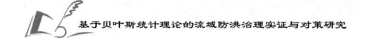

第二节　研究思路与内容

一、研究思路

我国是一个通过成功治水实现农耕文明得以连绵不断的伟大文明古国。首先,基于文献研究法,对中国治水历史的时空演变进行学术梳理,试图从中找到进行现代治水和流域防洪治理的历史文化基因与一脉相承的治水文化方向。接着,结合中国治水的历史,就气候变化引起的洪水和干旱对经济社会发展产生的影响进行一个具体的历史考证,说明进行现代治水和流域防洪治理的重要意义和迫切性。然后,对利用贝叶斯统计理论和经典统计方法相结合进行水义统计分析及防洪应用研究进行学术梳理,以理清进行流域防洪应用的研究思路、研究方向和理论支撑。继而基于对贝叶斯统计理论和方法在实际问题中应用研究的理解和认识,结合流域洪水发生的基本规律和特点,开展贝叶斯统计方法与经典统计方法相结合的流域防洪治理实证与对策研究。在研究思路上,本书按照"研究基础→实证研究→结论与对策"的叙述逻辑展开。全书主要划分为三个部分:

第一部分,基础研究。介绍本书选题的背景、意义和研究目标,提出本书的理论基础:治水及流域防洪治理相关内涵、贝叶斯统计理论、经典统计理论、水文统计理论等。首先,基于文献研究法,对中国治水历史的时空演变进行学术梳理,试图从中找到进行现代治水和流域防洪治理的历史文化基因与一脉相承的治水文化方向。接着,结合中国治水的历史,就气候变化引起的洪水和干旱对经济社会发展产生的影响进行一个具体的历史考证,说明进行现代治水和流域防洪治理的重要意义和迫切性。然后,详细综述本书研究需要用到的相关统计理论和方法:贝叶斯统计理论、经典统计理论、水文统计理论等。最后对国内外的相关研究进行一个较为系统的梳理,并进行评述,从中指出现有研究的不足,为本书的研究提供进一步的研究基点、研究方向和研究思路。

第二部分,实证研究。这是本书研究的核心部分,在第一部分的理论基础上,综合运用贝叶斯统计理论及相关统计方法,旨在探讨基于贝叶斯统计理论的数据挖掘方法及实证分析、基于帕累托分布的洪水频率贝叶斯分析,以及考虑历史洪水的贝叶斯 MCMC 洪水频率分析模型。同时,我们还研究了贝叶斯洪水概率变点和西江—郁江流域洪水重现期的时空演变,并开发了两种实用的洪水预测预警模型:二阶合成流量模型和移动分析法模型,推广应用于西江流域南宁水文站等站点。此外,我们还开发了自动化走航式全断面积宽法悬移质输沙率测验关键技术,以提高流域防洪治理的效率。最后,我们基于对中国治水历史的认识和对流域防洪治理的实证研究,探索了中国特色社会主义新时代的治水和流域防洪治理新思路——文化治水。

第三部分,对策和建议。在基础理论研究和实证研究的基础上,提出珠江—西江流域新时代防洪治理的对策建议:

1. 加强水利工程建设力度,构筑更牢固的江防体系。

2. 持续开展植树造林和生态修复工程,构建最强大的珠江—西江流域森林生态系统。

3. 提高洪水预测预警能力,为流域防洪治理科学决策提供有力支撑。

4. 全流域一盘棋,落实好流域生态功能区划分定位,全流域统筹协同发展。

5. 加强治水法治和治水文化建设,实施文化治水。

上述三个部分相互联系,层层递进,具有较强的逻辑关系。第一部分主要提出"为什么要进行流域的防洪治理实证与对策研究?";第二部分回答了"如何开展流域防洪治理的研究,开展哪些方面的工作?";第三部分是本书研究的落脚点,基于理论研究和实证研究的成果提出流域防洪治理的对策建议。

(一)研究流程和技术路线图

本研究的研究流程和技术路线图如图1—2—1所示。

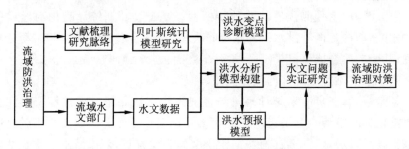

图1—2—1　研究流程和技术路线图

(二)研究方法

本书将综合运用文献研究法、数学与统计建模、贝叶斯统计建模、调查研究法、数据挖掘法、计算机模拟法等方法开展研究,先进行理论研究,再进行实证研究,然后开展对策研究和应用研究,多种研究方法相融合。

二、研究内容与框架

本书共分为九章,各章的主要研究内容如下:

第一章，导论。首先对本研究的选题背景进行说明，接着提出研究目标，介绍研究意义，包括理论意义和现实意义。然后给出研究思路、主要研究内容和研究框架。总结本研究的学术价值、应用价值和核心观点。最后指出本书研究的创新点、不足之处及未来研究展望。

第二章，防洪治理历史回顾：中国治水历史的时空演变。应用文献研究法，对中国治水历史的时空演变进行了学术梳理，试图从中找到进行现代治水和流域防洪治理的历史文化基因与一脉相承的治水文化方向。结合中国治水的历史，就气候变化引起的洪水和干旱对经济社会发展产生的影响进行了一个具体的历史考证，说明进行现代治水和流域防洪治理的重要意义和迫切性。

第三章，贝叶斯统计理论及其水文统计应用概要。对利用贝叶斯统计理论和经典统计学方法进行水文统计分析和防洪应用研究进行学术梳理和相关概念界定，以理清在进行流域防洪应用中的研究思路和研究方向，为研究提供统计理论支撑。

第四章，基于贝叶斯统计理论的流域防洪治理应用研究。主要包括以下几个方面：基于贝叶斯统计理论的数据挖掘方法及实证分析、基于帕累托分布的洪水贝叶斯分析、考虑历史洪水的贝叶斯 MCMC 洪水频率分析模型、基于贝叶斯统计理论的洪水概率变点研究。这些研究内容将有助于我们深入理解贝叶斯统计理论在流域防洪治理中的应用，并提供实证分析结果来支持相关决策和措施的制定。

第五章，洪水预测预警的两种新模型。基于贝叶斯统计理论与经典统计方法相融合，构建两种洪水预测预警新模型：二阶合成流量模型和移动分析法模型，基于二阶合成流量模型开发一个实用的洪水预测预警系统软件，在西江流域南宁水文站等水文部门具体应用。

第六章，基于贝叶斯统计理论与经典统计方法相融合的珠江—西江流域洪水重现期时空演变分析。基于贝叶斯统计理论与经典统计方法相融合的统计分析技术，以珠江—西江流域南宁水文站为观察点，对流域洪水重现期的时空演变进行实证分析。

第七章，流域防洪治理河流悬移质输沙率检测的一种关键技术——自动化走航式全断面积宽法悬移质输沙率测验关键技术。开展流域河流悬移质输沙率监测，进行流域水土流失情况的及时监控，是进行流域防洪治理的基础性工作和重要环节。以西江—郁江流域南宁水文站为例，阐述自动化走航式全断面积宽法悬移质输沙率测验的原理和方法，开发自动化走航式全断面积宽法悬移质输沙率测验关键技术。

第八章，中国特色社会主义新时代的治水和流域防洪治理新探索——文化治水。结合对中国治水历史的梳理分析、一个具体的历史考证和基于贝叶斯统计理论与经典统计方法相融合的防洪治理应用研究,对中国特色社会主义新时代的治水和流域防洪治理进行文化治水新探索。

第九章,珠江—西江流域防洪治理的对策和建议。基于本研究的相关研究结论,对珠江—西江流域防洪治理工作提出对策建议。

第三节 本研究的创新点及未来研究展望

一、本研究的主要创新点

(一)洪水先验分布选择规则创新

通过对西江流域历史洪水数据的特征分析,根据先验分布构造理论,在相关的流域防洪治理统计研究中,给出适合流域特征的洪水分析参数先验分布选择的一些规则。

(二)协同研究创新

由具有数学、统计、数据挖掘、计算机背景的研究人员和水文工程技术人员发挥各自的优势进行协同研究创新,通过定量研究和定性说明相结合的方法,互为支撑,做到理论研究、实证研究、对策研究和应用研究相结合,详细开展了流域防洪治理相关研究工作。

(三)河流输沙率测验技术创新

开发了一种自动化走航式全断面积宽法悬移质输沙率测验关键技术,为做好流域防洪治理工作,进行河流悬移质输沙率测验提供了一种更高效的技术手段。

(四)洪水频率分析模型创新

给出了一种考虑历史洪水的贝叶斯 MCMC 洪水频率分析模型。

(五)洪水预测警方法创新

基于相关统计理论,构造了两种具有实际应用价值的洪水预测预警模型:二阶合成流量模型和移动分析法模型,并基于二阶合成流量模型成功研发洪水预测预警系统 V1.0,在水文部门实际应用取得较好效果。

(六)防洪治理观点创新

通过文献和对比研究,提出了"海绵国土""文化治水""水文大数据洪水预测预警"等防洪治理新观点。

(七)对策建议创新

本书研究通过对整个珠江—西江流域防洪治理相关问题的贝叶斯统计和

经典统计分析,对西江流域洪水重现期时空演变的特点进行统计实证分析,厘清流域洪水的变化规律,给出流域洪水灾情时空演变基本规律,为流域各级政府进行防洪治理决策提供新的对策建议。

二、本研究的学术价值和应用价值

(一)学术价值

1. 本书研究的一个主要问题之一是洪水统计分析相关参数先验分布的选择或构造。通过对历史洪水水文数据特征的分析,探索流域洪水参数先验分布选择的一般规则,并推广应用。

2. 本书试图利用西江流域南宁、梧州水文站等水文站点的历史和实测洪水数据,参考或耦合其他已有洪水预报模型,基于贝叶斯估计理论构建珠江—西江流域的洪水预报贝叶斯模型,丰富目前国内洪水预报的手段和方法。

3. 本书研究的另一侧重点是利用历年和实测的洪水数据,根据多变点变结构问题的贝叶斯推断的方法,给出西江流域洪水的变点诊断方法。目前国内这方面的问题研究得较少,这在一定意义上拓展了贝叶斯估计理论的研究领域和研究视野。

(二)应用价值

1. 本书结合对中国治水历史的具体考证分析,基于贝叶斯统计理论与经典统计理论相融合的方法,对治水和流域防洪治理相关问题展开了一系列相关的综合研究,为流域防洪治理工作提供了一些新的手段和方法。

2. 本书充分利用所构建的珠江—西江流域洪水预测预警模型,厘清珠江—西江流域洪水的变化规律和特征,通过实证研究对模型不断进行优化,提高对洪水预报分析的精度和可靠性,为西江流域各级水文部门进行洪水预测预警提供新的手段和方法。

3. 本书研究的一个重点问题是进行流域洪水的变点诊断,比如,洪水是否由 100 年一遇变成 50 年一遇,变点在什么时候出现,为西江流域各级政府进行防洪治理决策提供参考。

三、本研究的核心观点

1. 先验分布是贝叶斯统计的前提基础,可根据现有的先验分布构造或选择理论和实际问题数据的统计特征、过去的经验或其他信息,利用扩散先验分布或共轭先验分布等方法来选择或构造一个合适的先验分布。

2. 根据多变点变结构问题的贝叶斯推断的方法,研究流域洪水的变点诊断及变点与各阶段参数的估计,对于各级政府部门进行流域防洪治理,及时根据洪水的变化特征做好防洪减灾工作意义重大。

3. 随着贝叶斯统计理论和方法的不断完善和发展,形成一种可称之为"贝叶斯＋"的技术,可以进行贝叶斯洪水预报模型和经典统计洪水预测预警模型相融合,贝叶斯统计推断理论几乎可以作为每一个学科的研究工具之一。

四、本书研究的不足及未来研究展望

(一)在贝叶斯统计理论和方法中关于先验分布的构造或选择方面没有展开深入的研究

先验分布的确定是贝叶斯统计首要的基本问题。但目前也还没有形成统一的方法,先验分布的确定在目前情况下可谓各施各法,只要符合概率的公理化原则,都可以根据所研究问题的具体情况从已有的一些常见分布中进行适当选择或构造。在我们的相关研究当中,关于先验分布的构造或选择问题,只是在进行相关水文分析的几个不同场景根据一些先验信息作出了相应的先验分布选择来构建贝叶斯洪水分析模型。期望在以后的研究中能取得突破,解决在先验分布构造方面的困境,使贝叶斯统计方法能被更多的人接受和使用。

(二)利用贝叶斯统计理论与经典统计方法相融合进行流域防洪治理应用研究存在不足

本书主要利用贝叶斯统计理论开展洪水的贝叶斯相关分析,给出进行贝叶斯洪水分析建模的主要流程,特别是开展了考虑历史洪水的贝叶斯 MCMC 洪水频率分析和洪水概率变点研究,得出了珠江—西江流域洪水演变规律的相关结论。后面的基于贝叶斯统计理论与经典统计方法相融合的珠江—西江流域洪水重现期时空演变分析当中也用到贝叶斯 MCMC 洪水频率分析方法进行计算。至于"洪水预测预警两种新模型"和"自动化走航式全断面积宽法悬移质输沙率测验关键技术"这两部分内容主要是利用经典统计方法进行相关研究,没有进行具体的贝叶斯统计方法的耦合分析,这是本书研究的不足之处。

(三)流域防洪治理问题的复杂性和防洪减灾的迫切性对本书的研究提出了新的要求

由于科学技术的发展,人类对洪水发生的规律有了一定了解,防洪减灾有了一定应对办法。新中国成立以来,特别是改革开放以来,我国进行了大规模的以防洪工程为基础的防洪体系建设,但要完全消除洪涝灾害是不现实的。一是防洪标准是一个动态概念,随着一个地区经济社会的发展会逐渐提高;二是由于气候变化因素包括太阳活动、大气环流和人类活动的影响,温室效应产生的全球气候变暖还在加剧,洪涝灾害的发生具有更大的不确定性;三是防洪

设施在不断老化失修,防洪能力在不断衰减,等等。这些因素导致洪水发生的情势出现了新的变化,洪灾的潜在威胁依然很大。如何进一步开展流域的科学防洪治理,对我们的研究工作提出了新的挑战,必须从长计议。

(四)贝叶斯统计作为一个新的统计学派,在解决实际问题中提出了很多非常有效的方法,得到了广泛应用,未来可期

贝叶斯统计理论和方法在我国的应用与发展起步较晚,相关理论和方法还没有取得较大突破,特别是在先验分布的构造理论方面,这是阻碍贝叶斯统计进一步推广应用的关键问题之一。可喜的是,从各种文献资料来看,我国各个领域都有很多学者投入到了贝叶斯统计理论的研究和应用工作当中,开展了一系列非常有特色的研究工作,积累了很多经验和方法,有理由相信,贝叶斯统计理论在我国一定能得到迅速发展,很快跟上世界的发展主流。

第二章

防洪治理历史回顾：中国治水文明的历史演变

本章将应用文献研究法,对中国治水文明的历史演变进行学术梳理,试图从中找到进行现代治水和流域防洪治理的历史文化基因与一脉相承的治水文化方向。首先介绍中国国土环境的基本特征。接着对中国治水文明的历史演变进行学术梳理。然后对我国治水法律法规的产生与历史演变也进行叙述,这也是中国治水文化的重要组成部分。最后,就北魏时期的平城(今大同)的兴起和衰落,进行一个具体的历史考证,以此来说明进行现代治水和流域防洪治理的重要意义和迫切性。

第一节　中国治水文明的历史演变

一、中国国土环境的基本特征

位于欧亚大陆东方的中华大地,地形地势从西到东可分为三级,第一级是有"世界屋脊"之称的青藏高原,海拔 4000 米以上,第二级是高原盆地,海拔一般在 1000~3000 米,第三级是丘陵、低山和平原,海拔多在 500 米以下,呈阶梯状由西到东向太平洋方向倾斜分布。这样的地理特征有利于太平洋的暖湿气流随着东南风由东南方向向西北方向逐渐深入内地,与北方的冷空气交汇容易形成由西北向东南逐渐加强的降水态势,造就了以黄河、长江为代表的无数滚滚东流的大江大河。复杂多变的国土地理结构,有高山、大川和丘陵,也有沙漠、草原和平原,其中90%以上的耕地和水资源分布在湿润、半湿润的东南部地区,而在西北部干旱、半干旱地区集中分布的主要是高原、草地和草原。多种多样的地形地貌为因地制宜开展农、林、牧多种经营提供了有利条件。总体上,山地面积占全国土地面积的69%,而属于干旱、半干旱地区也占国土的50%以上。具体来说,中国的气候表现为如下特征:

(一)热量条件优越

南起热带,北止寒温带,纬度跨越达50多度,有利于各种适应不同气候特征农作物的生长和生产。

(二)降雨的地区差异悬殊

东南部地区背靠大陆,面朝大海,是典型的季风性气候,降雨量充沛,年均降雨量达400~2000毫米,全年降雨量的70%集中在汛期,而且雨热同季,温差小,十分有利于农作物和植物生长。由东南沿海到西北内陆地区距离海洋越来越远,受海洋的影响越来越小,降水量呈逐渐递减态势,形成西北干旱的基本气候特征。

(三)旱涝灾害频繁

季风气候会造成东南部地区旱涝交替的严重自然灾害,对农业生产产生极为不利的影响。在中国的大地上,作为制约和影响农业生产的关键因素,农作物或生物生存所需要的基本条件包括光、热、水等都全部具备,但是也有严重自然缺陷,特别是水资源,分布极不平衡,需要人类通过一定的努力来改变这种不平衡和不稳定状况。因此,能否成功治水,满足农业生产对水利的需求就成了农耕文明能否持续发展的必要条件。

总的来说,中国农耕文明所需的土地资源和水资源的时序、季节和地区的时空分布都极不平衡,正是这种特有的自然生态环境,对农业生产和百姓生活产生极为不利影响。但是,这种不平衡随着人类生产力的不断提升,是完全可以得到不断改善的。可喜的是,正是因为这种自然缺陷和环境挑战,激发了华夏儿女蓬勃的生命力和斗志,多难兴邦,殷忧启圣,古往今来,华夏大地治水功臣前仆后继,励精图治,使水患变为水利,不断改善人民的生存环境,造福桑梓。中国历史上连绵不断的治水活动不但创造了浩如繁星的治水物质遗产,更是中华文化和中华民族精神塑造的重要载体,孕育凝练出了我国丰富独特的治水文化,推动着中华文明上下五千年一脉相承绵延向前。

二、中国治水文明的历史演变

（一）中华文明起始的治水

纵观中华民族五千多年的文明史，治水在文明的历史进程中自始至终发挥着重要或关键的作用[2]，甚至有国外学者认为，成功治水是中华文明得以发展延续的最关键因素之一。历史事实是，中华文明确实是世界上唯一的连绵五千年而从未间断的最古老、最辉煌的文明。千百年来，中华民族是在与洪涝和干旱的治水斗争中求生存，并得到不断发展壮大。可以说，中华文明所创造的一切物质文明和精神文明都蕴含着治水的文明要素。

人类史学研究表明，人类始祖是靠打猎和采集为生的，他们穴居野处，茹毛饮血，是真正的"靠天吃饭"的生存模式。大概在七千多年以前开始，人类已经进化到可以摆脱单纯依靠大自然恩赐而生存的状况，逐步从靠狩猎、捕鱼和采摘变成开始一些简单的农耕活动，以满足不断扩大的部族成员的食物需求。由"采食经济"变为"产食经济"，农耕文明开始萌芽，人类开始通过再生产活动获得生活资料。而再生产活动需要人类定居生活，从游移不定到定居生活，人类开始进入历史新纪元——农耕文明。在这个古老的地球上先后出现了中国的黄河文明、古印度的印度河文明、古埃及的尼罗河文明、古苏美尔文明、古玛雅文明和古印加文明等。这些古老文明都是逐水草而居的大江大河流域文明，因为，人类生活和农耕活动需要大量的水资源和肥沃的土地，大江大河才能提供这样的自然地理条件。

四千多年前中华文明的远古，大禹治水的传奇壮举，使中华文明与世界几个主要文明一起破茧发端，世界上第一个奴隶制国家就是在大禹成功治水后在华夏大地开始出现。大禹之前，由于人类的生产力还极其低下，对水和如何治水的认识还停留在很低的层次，大禹父亲鲧采用的是"水来土挡"堵的办法治水，且各部落各自为政，没有形成统一的治水行动，"九年而水不息，功用不成"，洪水依然泛滥，百姓流离失所，食不果腹，苦不堪言，故于治水任上被尧杀掉。大禹治水，在历经前人无数次失败的基础上，逐步了解了水的一些特性，掌握了治水的一些规律，汲取了一些先人的教训，转变思路，采用"洪水宜疏不宜堵"疏的治水方法，而且大禹注意从全局、整体的角度去考虑洪水治理。他请来有名望的部落首领，共同协商治水大计。严峻的洪水形势，使大家认识到，治水是事关各部族生死攸关的必须共同应对的重大问题，需要凝聚各部落的力量，统一行动，形成合力。长期的治水斗争最终形成了以大禹为核心的强大治水力量，共同降伏了凶猛的洪水，使农田能够连续产出，百姓得以休养生息，"然后中国可得而食也"（《孟子·滕文公下》）。从此，催生了世界上第一个

17

奴隶制国家,人类开始进入漫漫几千年的农耕文明时代,也逐渐形成了对中国这样一个国土广袤、构成复杂、地区差别迥异的大国进行有效治理的中央集权制模式。大禹精诚治水,"三过家门而不入",舍小家顾大家,公而忘私,持之以恒,这是中国治水文化和民族精神的一次伟大凝练,大禹以"疏通九河平洪患,划定九州兴华夏"的历史贡献载入中华文明史册,成了中华民族战天斗地的精神图腾之一,激励着一代代华夏儿女战胜一切困难险阻,砥砺前行。从此,人类开始逐渐学会如何与洪水相处。正是以大禹为代表古人的智慧和艰苦奋斗,使往日咆哮的河水得以驯服,缓缓地向东流淌,昔日被洪水淹没的土地再现峥嵘景象,曾经荒芜的农田重成米粮仓,百姓终能筑室而居,过上安定富足的农耕定居生活。

(二)中国古代的治水

民以食为天,食以农为本,农以水为要。在古老的华夏大地上,赓续农耕文明,治水成了天下最重要的大事之一。华夏先祖从大禹成功治水开始逐渐意识到,在社会发展的过程中,当面对治水这样的大规模社会活动,需要统一认识,凝聚个体力量,团结一致,形成合力,才能实现整体的目标。因而在实施过程中必然会强化政府的权威和中央的集权,其产生的文明具有很强的集体主义思想,中华文明因而成为世界大陆文明的杰出代表,这与追求个体自由的西方海洋文明形成鲜明对比。大禹之后,中央集权制的国家治理模式作为一种国家政治制度文化在中国被传承了下来,并逐渐强化变成了中国人心中的"集体无意识",不同的是改朝换代再集权而已。这种政治制度的好处是可以举全国之力,面对各种社会和自然的挑战。中华文明自大禹成功治水后,我们中华民族的先祖们、各时期的治水功臣前仆后继,开展了几千年连绵不断的治水活动。通过兴修水利,治理江河,开疆拓土,发展经济,繁衍人口,不断拓展和改善了这个东方古国的农业生产条件,推动着华夏大地农耕文明的不断进步,奠定了中国社会发展的强大基础,国家民族得到不断发展壮大。

历史进入春秋战国时期,经过长期的兼并战争,形成了战国七雄,直至秦始皇统一六国,中国开始形成大一统的国家,中华文明进入一个新的历史时期。秦始皇在先辈们的基础上对黄河进行了统一治理,构筑堤防,疏通河网,发展农业,奠定了秦王朝的立国之本。黄河流域是中华文明的发源地,是黄河水和两岸肥沃的土地滋养了我们中华民族。但黄河水患严重,堤防溃决频繁,洪水经常泛滥横流,百姓生命财产和赖以生存的农田设施难以保障。黄河治理的堤防工程自大禹之前的共工和鲧的"障洪水法",至春秋战国时期各诸侯国在其境内独立修筑堤防,到秦汉时期大一统国家的形成,黄河比较完整的堤防体系才得以形成。

　　几千年的黄河文明在中国这片土地上开枝散叶，华夏大地其他大江大河流域的治理，也是当地百姓能否在此立足的根本。两千多年前，秦人蜀郡守李冰父子开凿修建都江堰的传奇故事，遵循"道法自然""天人合一"的道家思想，以无坝引水为特征的宏大水利工程，开创了对水因势利导之先河，把桀骜不驯的滔滔岷江之水，非涝即旱的"泽国"古蜀大地，变成"旱则引水浸润，雨则堵塞水门，故水旱从人，不知饥饿，则无荒年，天下谓之天府"的鱼米之乡，造就了从此至今"天府之国"的旷世美景和千古传奇，这是我国古代又一座治水成功的物质和精神文化丰碑。

　　为了改善交通，发展经济，加强王朝中央对地方的集权统治，隋唐开凿的举世闻名的南北大运河，成为贯通中国南北的交通运输大动脉。公元前486年春秋战国时期始凿至公元1293年才全线通航，历经1779年的京杭大运河，至今还在发挥作用。公元前214年秦朝始建的广西兴安的古灵渠，更是沟通了长江和珠江两大水系，构筑了连通中国南部地区甚至广大中原地区的庞大水运网络，这也是世界上最古老的运河之一，不但为秦王朝统一岭南，奠定当今的中国版图提供了重要保证，还对密切各族人民的往来，加强中国南北政治、经济、文化的交流，都发挥了积极作用。同时灵渠还有疏通洪水，灌溉农田的作用，润泽了广大的湘桂大地。

　　大禹治水，据司马迁的《史记·夏本纪》记载，出现了所谓"左规矩，右准绳"这样的测量工具（"规矩"和"准绳"大概相当于今天的铅垂线、角尺、圆规之类的原始测量工具），以及"行山表木，定高山大川"这样的原始的水准测量技术。这说明中国古代数学的发明与治水实践也有着密切的联系。西汉时期的贾让更提出了著名的"治河三策"，张戎第一个提出了利用水力刷沙的思想，开创了黄河泥沙治理方法的新思路。始于战国末年的"长藤结瓜"式灌溉工程开始大规模运用。南宋时期的各州县已普遍设置量雨器及量水器进行雨量观测。至北宋时期，中华民族在漫长的与洪水斗争中，逐步对水的特点和治水规律有了比较丰富的认识，水文技术有了一定程度发展，掌握了观测流量的方法："浮瓢"或"木鹅"法，产生了流量的概念，特别是对洪水的认识达到一定的层次。元代郭守敬提出了"海拔"的概念。

　　明清及民国时期，我国对江河的治理开始逐渐进入科学技术时代，西方水利技术的引进，长期的治水实践，逐步形成和发展了中国特色的水利科学与技术。明朝的潘季训提出了"束水攻沙"等黄河治理的方略，清康熙年间具体定义了"流量"的概念。同治四年（公元1865年），开始运用先进的测量技术进行黄河测绘，民国元年（公元1912年），云南石龙坝水电站建成，这是中国第一座水电站。总之，中国的治水实践为世界水利科学技术发展和人类文明进步做出了巨大贡献。

自大禹开始到秦汉直至近现代,历朝历代,对黄河、长江等华夏大地上大江大河的治理从未间断。治水成了国家及各级政权兴国安邦的要务,是国家治理成功与否的重要标志之一。

(三)中国近现代治水的时代记忆

清朝末年至民国时期,由于中国战乱不断,社会极端动荡不安,水利事业的发展比同时期的西方国家相对迟缓,伟大的革命先行者孙中山先生提出的建国方略没有得到具体落实,甚至陷于停滞状态。直到 1930 年开始,具有近代意义的水利工程才有少量逐渐建成投入使用,但残缺不全,防洪能力非常低下。1937 年 7 月 7 日卢沟桥事变,抗日战争全面爆发,我国治水事业不但没有得到发展,原有的水利设施也因战乱大多年久失修,无暇顾及,期间黄、淮、海河、长江等大江大河多次溃堤,洪水常年泛滥成灾。在战争的创伤和自然灾害的双重蹂躏下,国土生态不治,旱涝交替,洪水频发,民不聊生,中华民族几乎走到了灭亡的危险边缘。

1949 年,中华人民共和国成立,中华民族进入了一个全新的发展阶段,中国的水利事业才真正得到迅速发展。在"水利是农业的命脉"理念的指引下,持续开展了大规模的农田水利建设和大江大河治理工程,力图尽快改变国家一穷二白的发展状况,使人民过上丰衣足食的生活。但曾经有一段时间,由于我们渴望尽快改善人民的生活,一些地方为追求一时一地的经济发展,获取更多的土地来种植作物,开山壁地,毁林造田,围湖造田,森林资源频遭滥伐,对大自然毫无节制地肆意掠夺,极大地破坏压缩了大自然的生态空间。这种竭泽而渔的做法,可能解决了一时的吃饭问题,却产生了人类难以承受的生态恶果。没有了森林、草地、湖泊的保护与滋润,出现连年的干旱和洪涝灾害,工农业生产和人民的生活水平受到极大影响。二十世纪八十年代,改革开放,我们终得觉醒,封山育林、退耕还林、退耕还湖、退牧还草,开展大规模的造林绿化运动和生态修复工程,恢复自然生态。经过改革开放以来四十多年的艰苦努力,中国创造了全世界绿色增量的 25% 以上,国土慢慢地得以再披绿装,生态持续恶化的态势初步得到遏制和改善,洪涝和干旱灾害造成的损失日渐得到有效管控。新中国成立以来,我国的治水在历经跌宕中转圜、发展、丰富、提升,再回首,我们又站在了新的起点上。

改革开放以后,以黄、淮、海河流域、长江流域治理和南水北调工程为代表的全国各流域的全面综合治理,一定程度上缓解了我国经济社会发展的水情困境,成就了国土一步步变成绿水青山、江河安澜的壮美画卷,创造了连黄河都开始变清的奇迹。治水成了历朝历代各级政府对国家治理成功与否的一个重要标志之一。那些治水成功,确保江河安澜,使人民免遭水患的官员,总会变成百姓传颂的民族英雄,甚至神灵。中国历史上连绵不断的历次治水活动不但创造了浩如繁星的治水物质遗产,更是中华文化和中华民族精神塑造的重要载体,孕育凝练出了我国丰富独特的治水文化,创造了无比灿烂的治水文化遗存。可以说,中华民族所创造的一切物质财富和精神财富都蕴含着治水的文明要素,构成了中华文化的重要组成部分,一代一代在传承当中得到发展,造就了世界上唯一的绵延五千年不绝的文明古国。

农耕社会,治水的主要任务是防洪和治旱,满足农耕灌溉和生活的用水需求。现代社会人口激增和工业化的迅猛发展,急剧增长的用水需求与有限的水资源和不断受到人为污染的水环境现状,使我们面临水资源短缺和水污染问题加剧的双重夹击。现代治水,治什么? 如何治? 我们面临治水文化内涵的新挑战,这是我们必须面对的新的技术、文化和社会思考。从文化层面来说,必须重塑符合国家新水情的先进治水文化。过去,一场洪水袭来,人们往往视其为洪水猛兽,厌弃它,憎恶它,洪水过后,留下的是破败和萧条,而水则溜之大吉,这时人们才又想到了缺水。能不能把水留住,把洪水当作一种资源来利用,进行有效的管理和控制,使我们有限的水资源得到尽可能地有效利用,满足人口增长和工农业生产高速发展带来的用水需求,实现洪水的资源化管理,这是我们对洪水新的文化认识。于是,我们兴建大量的水库和各种水利工程,因地制宜创设了各种治水方略,如从 2013 年开始在我国部分城市试点的"海绵城市"建设工程,通过各种"海绵"技术的实施,洪水袭来时,我们把部分洪水留住,需要时再科学地加以利用。

现代工农业生产和百姓生活会产生大量污水废水,这些污水废水如果不加处理进行排放,将直接威胁人民群众饮用水的安全,对生态环境也造成极大的破坏,更加剧了水资源的短缺。现代社会水污染问题已成为相对洪灾、旱灾有过之而无不及,甚至更为严重的人间灾害。因此,污水的无害化处理和资源化利用也是现代社会治水面临的重大问题。随着科学技术的发展和现代环保技术的广泛推广应用,环境污染问题的控制和治理不断得到较好解决,有越来越多的城市和乡村成功进行了以生态文明建设为目标的综合治水工程,水清、岸绿、天蓝、土净的生态美景在我国城乡逐渐显现。经历从农耕社会到工业化社会再到现在后工业化的信息化、智能化社会,我们的生态环境历尽了破坏、治理、再破坏、再治理几经转圜,我们对治水问题的理解更加全面深刻,治水进入治洪、治旱和治污并重的生态文明建设新时代。

第二节　中国治水法律法规的产生与历史演变

随着农耕文明和生产力的不断发展,治水活动具有了社会活动的特征,与治水有关的人为规范或法律法规逐渐产生并建立。治水法律法规的形成和发展是治水文化积累的重要组成部分,是治水活动可持续开展的重要保障。法律法规有三大主要作用,一是明示作用,指法律法规以法律条文的形式明确告知人们,什么可以做? 什么不可以做? 哪些行为是合规合法的? 哪些是违规违法的? 二是预防作用,主要是通过法律法规的明示作用和执法效力以及对违法行为进行惩治力度的大小来实现。严格、及时、有效的执法可以警示人们,违法必受罚,受罚不可变通。三是校正作用,或称为规范作用,主要是通过法律法规的强制作用来机械地校正一些偏离了法律轨道的不法行为,使之回归正常的法律法规轨道。

在农耕文明产生之前,人类的生产力低下,人与水的关系主要表现为人与自然的关系,无须进行法律界定。随着农耕文明的产生和发展,治水不但是一种生产活动,也是一种社会活动,需要有一定的制约和规范,才有可能进行有效的治水管理。

据《孟子·告子下》记载,周文王伐崇侯虎时,颁布的一道讨伐令中有"毋填井"的条款,以军令形式禁止填塞水井,这是我国最早以文字形式出现的水法规。春秋战国时期,针对各国在修筑堤防时以邻为壑、危害他国的现象,各诸侯国的盟约中有"毋曲防"的明确规定。秦《田律》中有"春二月,毋敢伐山林及壅堤水""十月,为桥,修堤防,利津溢"等关于农田水利的条款。汉武帝时,在元鼎六年(公元前 111 年)开凿六辅渠后,"定水令,以广溉田",由当时开凿六辅渠的左内史倪宽负责制定《水令》,这是农田灌溉方面的水利法规。汉元帝时(公元前 48—公元前 33 年)的南阳太守召信臣,在南阳大力修建水利工程,满足当地农田灌溉的用水需求,并制定了灌区灌溉用水条例《均水约束》。

大唐盛世时期,中国的农耕文明达到了一个历史空前高度,作为农业生产命脉的水利事业在盛唐经济的发展中发挥了重要作用,治水的法律法规建设也已达一定的高度。唐开元二十五年(公元 737 年)正式颁布了我国历史上第一部比较完善的水利法典——《水部式》。其内容涉及水利设施管理、农田灌溉管理、水碾水硙设置、渔业用水管理、城市水道管理及航运船闸管理等共 29个条款,管理条文具体翔实,对唐朝的经济社会发展发挥了重要积极作用。这些治水法令和规章的颁布实施,为不断探索与完善水利法典,逐渐发展形成我国古代独树一帜的水利法制体系发挥了重要的作用。

北宋熙宁二年（1069 年），作为王安石变法内容之一的我国首部农田水利法《农田水利约束》颁布。金代泰和二年（1202 年），针对黄河及海河的防洪事务，金代政权颁行了我国历史上第一部较为具体详细的防洪法规《河防令》。明代成化初年（1465—1466 年），陕西巡抚项忠非常重视对水资源的管理，在主政当地期间，制定了严格的水利管理制度——《水规》。始纂于明弘治十年（1497 年）的一部以行政法为内容的法典——《大明会典》及清顺治元年（1644年）开始颁行经康熙增修、雍正续修的《大清律》中均有关于水利管理相关的条款。京杭大运河开通后，在元、明、清三朝都建立了相关的管理制度和法规，如明《漕河水程》《漕河夫数》《漕河禁例》等。

近代以来，随着因闭关锁国而逐渐没落的清王朝被西方列强的坚船利炮打开大门，中国的社会结构开始产生急剧转型，西方法律理论体系开始传入我国，启动了中国法制的近代化进程，治水的法制体系进入了新的发展阶段。民国时期，在西方法律思想体系的影响下，我国近代首部水利法《中华民国水利法》在 1942 年诞生。民国水利法大量吸收了西方水利法的先进要素，特别是提出了"水权"的概念，认为水事纠纷是因为水权的界定不明确而引起，因而确认水权是水利法的核心内容之一，并以此构建了一套比较完善的、与西方水利法比较接近的近代中国水利法。民国水利法成为当时中国进行水资源配置和利用，依法解决各种水事纠纷，将治水与国民经济建设、兴利与除害结合的制度性法规，是一部具有划时代意义的水利法典，更是中国法律近代化的一个重要组成部分。

新中国成立后，我国的法律制度建设跌宕曲折，并非一帆风顺。为了建立和健全社会主义法治体系，从二十世纪五十年代开始，我国不断探索制定了一系列与社会主义制度相适应的法律法规，包括相关的水利水资源管理法规，为顺利开展社会主义建设提供了强有力的法律保障。但文革时期的法治建设一度遭受极大破坏，社会管理几乎失序。改革开放以后，我国经济社会建设得以重新导入正轨，党和国家开始把依法治国作为国家治理的基本方略，开展了一系列"有法可依，有法必依，执法必严，违法必究"的法治重建工作。为了合理开发、利用、节约和保护水资源，防治水旱灾害和水污染，实现水资源的可持续利用，适应国民经济和社会发展的需要，第九届全国人民代表大会常务委员会第二十九次会议于2002 年 8 月 29 日通过修订的《中华人民共和国水利法》，自 2002 年 10 月 1 日起施行。各地根据本地具体情况分别制定了一系列关于治水的相关管理制度，如建立河长制、湖长制和巡河制度等，不断完善治水的法律法规，这是依法治国的重要组成部分，为现代治水提供了切实的法律保证。

第三节　气候变化引起的洪水和干旱对社会发展影响的一个历史考证
——平城的衰落：北魏时期的气候变化、脆弱性与适应

前文对中国治水的文明史进行了一个学术梳理，为了更深入地理解中国历史上因气候变化而引起的洪水和干旱对经济社会产生的影响，下面就北魏时期的平城（今大同）的兴起和衰落，进行一个具体的历史考证，以此来说明进行现代治水和流域防洪治理的重要意义和迫切性。

一、前言

由于气候变化影响到工业化前社会的农业生产力、健康风险和冲突水平，地理学家、人类学家和历史学家越来越重视对气候变化影响的研究[3]。人们已经在研究气候变化对中国历史影响方面取得了重要进展。例如，以前的研究已经证实气候变化与北方游牧民族的迁徙密切相关[4]；对中国研究农牧交错带的演变的研究也揭示了气候变化对中国社会经济的巨大影响[5]；中国历代战争的次数、人口崩溃和王朝更迭与北半球气温变化密切相关[6]。

从伟大的城市的兴衰可以看出人类历史发展轨迹[7]。中国历史上，在统一和分裂的历史循环中出现过数百个首都，因此古都城市历史仍然是中国历史研究的重要专题[8]。一些中国古都以其悠久的历史而闻名，是伟大而持久的文明的一部分，包括西安、洛阳、开封、南京和北京等。多数都会城市仅在短期内保持了领先地位，这些城市的变迁引起了来自不同学科的研究者的关注[9]。北魏是中国北方一个强大的政权，在汉朝灭亡（公元206年）和隋朝统一（公元581年）之前掌权。北魏是由鲜卑族的拓跋部落建立的，从公元386年到534年，拓跋族一直统治着蒙古族祖先，居住在现在的中国东北部和内蒙古东部，拓跋部落是鲜卑西部最大的部族之一。根据北魏都城的位置变迁，北魏史可分为平城时期（公元398—494年）和洛阳时期（公元494—534年）。

平城（今大同）位于山西省，是游牧文明和农业文明之间的重要门户。该市地处海河流域上游，是我国传统的种植农业生产区与干旱半干旱草原的过渡地带。大同这座城市可以追溯到公元前200年的汉朝。作为平城，它是北魏统治时间最长的都城，繁荣了近一个世纪[10]。然而公元494年北魏迁都洛阳后，平城失去了首都地位，迅速衰落。

与平城不同的是，洛阳位于河南省，地处洛伊两江交汇处。洛阳地处中国

中部平原,被认为是中国的农业中心地带。洛阳作为中国四大古都之一的都城,其历史可以追溯到公元前2070年左右的夏朝。北魏平城时期,洛阳被视为农业文明和汉文化的中心。

北魏都城迁徙是中国历史上的一件大事。公元494年,孝文帝突然将平城迁都洛阳,并推行彻底的社会改革。鲜卑贵族和官员大多反对这一举动,但皇帝否决了他们。这一出乎意料的变化的原因引起了人们的极大兴趣。以往的研究指出了决定中国各朝代都城位置的经济、军事、交通和政治因素,以及形成都城变化的推力和拉力[11],往往需要权衡不同因素的利弊,并进行全面评估和决策。同时,城市变迁也是一个复杂的过程,需要考虑推动和拉动因素的相互作用。例如,城市的发展往往需要一定的政治和军事支持,同时也需要有比较良好的交通和物流基础设施来支撑城市的经济和文化发展。因此,对于都城的选址和发展,需要综合考虑多种因素,并进行科学规划和管理。一般认为,从平城迁往南方的主要推动力是粮食危机和来自北部柔然的军事威胁[12]。相应的,社会改革的需要、土地扩张和消除中原叛乱的威胁等各种拉动因素也引起了中国历史学家的更多关注[13]。在众多原因中,鲜卑族的汉化改革被认为是其中最重要的。中国史学家认为,这些汉化改革成功地帮助游牧民族适应了定居文化,加强了北魏的统治王朝[14]。而这些汉化的改革措施被认为是皇帝将都城由游牧草原地区的平城迁往黄河流域南部经济发达地区的洛阳的主要原因。

尽管历史学家们进行了广泛的研究,但由于现有的历史文献数量有限,关于这一问题的争论仍然很多。随着人们对全球气候变化的日益关注,一些研究人员最近注意到,环境影响可能是导致迁都的一个原因[15]。然而,从气候变化到平城各种人类危机的潜在联系尚未得到系统的解决。直到二十一世纪初,考古学家和历史学家对平城气候变化的程度还缺乏足够的资料,因此认为这一时期的气候变化是平稳的。此外,气候变化与平城衰落之间的确切联系仍不清楚,需要进一步调查考证。

受益于古气候学家已经通过使用古气候指标开发出越来越精确的气候变化记录,了解气候对过去农业生产和人类危机的影响已经成为可能。冰芯、树轮、石笋和湖泊沉积物的高分辨率古气候记录可以提供百年、十年甚至一年尺度的高精度气候变化信息。此外,历史记录是研究古气候历史及其对人类影响的重要数据来源[16]。社会灾难历史文献记载在古气候研究中得到了广泛的应用。尽管历史记录可能受到不同来源的偏见,但它们可以提供有关历史的时间、地点和范围的详细信息灾难[17]。得益于大量精确定年的中国古代文献,古气候研究人员可以获得准确的年代历史文献,包括洪水、干旱、暴风雨和其他自然灾害灾难等信息。这些数据为探索过去气候变化对社会的影响提供了机会[18]。

了解气候变化的影响还需要分析社会对这些变化的脆弱性。脆弱性的概念是一个强有力的分析工具，用于描述物质和社会系统易受破坏的状态，并指导规范性分析[19]。在这项研究中，脆弱性是指暴露在与之相关的压力下易受伤害的状态随着环境和社会的变化而产生的适应能力的缺失。我们根据高分辨率的古气候资料和可靠的历史记录，对北魏都城平城在公元 398 年至 494 年间兴衰的环境因素进行了研究。我们试图找出环境变化与五世纪平城社会危机之间的关系，并利用历史来源的人口数据来研究城市日益脆弱的状况。为了分析首都向南迁移的原因，我们将粮食供应、平城地理环境和洛阳的情况作为参考。最后，我们还考察了同一纬度的其他亚洲城市的命运，以探讨五世纪气候变化对人类社会的影响。

二、灾害、人口和古气候数据

本研究所使用的灾害记录，主要为北魏官方史的一部分，包括《魏书》、《资治通鉴》与《北史》。因为这些档案是由王朝中央政府保存的档案汇编而成的官方档案，一般来说，它们比非官方和地方政府的档案更为准确和权威。这些主要记录只列出发生规模大、造成重大伤亡或需要政府救济工作的灾难性事件[20]。在这些官史中，《魏书》被认为是研究北魏的最原始、最全面的资料来源。

北魏的自然灾害记录，多见于《魏书》中的《帝纪》《灵征志》《食货志》《列传》等，也有《资治通鉴》的记载《北史》。一般来说，首都的灾情记录比其他地区更为详细。

尽管这些自然灾害记录大多包含了中国历法中关于灾害发生地点和确切季节或农历月的信息，但有些记录没有明确的地点和日期说明。因此，有必要研究更多的史料，以查明灾害发生的时间和地点。例如，《魏书·帝纪》中有一则灾情记载，记载了公元 415 年农历十月，频繁的旱灾和霜冻导致收成不佳，并产生了许多难民。但是，直到《魏书》的《食货志》被考证证实平城是灾区的一部分，灾害的地点才被确定。此外，在灾难记录不明确的情况下，我们试图保留其原始信息。例如，在古代汉语中，"水旱"一词的意思既包括洪水灾害，也包括干旱灾害，可能造成混淆。因此，我们在这里保留了尊重历史灾害数据真实性的双重含义。

平城、洛阳两个时期的旱涝灾害记录，包括农历月、季、年、原始描述和参考文献，见表 2—3—1 和表 2—3—2。虽然学者们早就认识到，历史记录是了解灾害对人类社会影响的主要依据,但由于来源有限,对其进行准确的分类和分级仍然并非易事。因此,为了评估干旱影响,我们将这些灾害事件分为四种基本类型:气象干旱、水文干旱、农业干旱与社会经济干旱[21]。气象干旱被定义为没有明显降雨的持续期。农业干旱是指对最重要作物(在这种情况下是谷子)的影响有关的干旱。水文干旱是指河流流量不足以满足既定用途的时期。前三种类型主要从物理现象来判断干旱影响,而社会经济干旱则关注到社会经济系统对干旱的反应。所有的干旱都源于降水不足(气象干旱),其他类型的干旱均是在缺乏降水的基础上而产生的连锁反应。我们尝试基于历史资料确定每次旱灾的影响程度,特别是灾害对人口发展的影响。

表 2-3-1　北魏平城时期的旱涝灾害记载(公元 397—495 年)

年	季	农历月	灾害	记载	干旱类型	来源
415	秋	10	干旱	频遇霜旱,年谷不登	S	《魏书》卷 3
432	夏	6	洪水	水溢,坏民庐舍数百家	—	《魏书》卷 112
461	夏	4	干旱	魏大旱	M	《资治通鉴》卷 129
477	夏	5	干旱	五月乙酉,车驾祈雨于武州山	M	《魏书》卷 7
478	夏	4	干旱	民饥,开仓赈恤	S	《魏书》卷 7
479	夏	5	干旱	旱	M	《魏书》卷 7
480	春	2	干旱	二月旱	M	《北史》卷 3
481	夏	4	干旱	时雨不沾,春苗萎悴	A	《魏书》卷 7
485	?	?	干旱或洪水	水旱伤稼	—	《魏书》卷 7
486	夏	?	干旱	九月庚戌诏曰:去夏以岁旱,民饥,须遣就食	S	《魏书》卷 7
487	春—夏	6	干旱	大旱,民饥,春旱至今,野无青草	S	《魏书》卷 7
490	?	?	干旱	旱	M	《魏书》卷 7
491	春—夏	1—4	干旱	自正月不雨,至于癸酉	M	《魏书》卷 7
493	夏	5	干旱	以旱撤膳	S	《魏书》卷 7

　　注:1.M 指气象干旱,A 指农业干旱,S 指社会经济干旱;

　　　2.? 代表文献记载不明确,"—"代表没有相关记载。

表 2—3—2　北魏洛阳时期的旱涝灾害记载(公元 494—535 年)

年	季	农历月	灾害	记载	干旱类型	来源
496	秋	7	干旱	帝以久旱,咸秩群神	S	《魏书》卷 7
502	春	2	干旱	旱	M	《北史》卷 4
503	夏	4	干旱	大旱	M	《魏书》卷 8
504	夏	6	干旱	以旱故撤乐减膳	S	《魏书》卷 8
505	秋	8	干旱	大旱	M	《魏书》卷 8
506	夏	5	干旱	春稼已旱	A	《魏书》卷 8
507	?	?	干旱	旱	M	《魏书》卷 8
508	夏	5	干旱	旱	M	《魏书》卷 8
509	夏	5	干旱	旱	M	《魏书》卷 8
511	?	?	洪水	去岁水灾	—	《魏书》卷 8
512	春—夏	4	干旱	今春炎旱……庚辰,诏出太仓粟五十万石,以赈京师及州郡饥民。	S	《魏书》卷 8
516	夏	5	干旱	炎旱积辰,苗稼萎悴	A	《魏书》卷 9
518	春—夏	1—6	干旱	自正月不雨,至于六月辛卯	M	《魏书》卷 9
519	春	2	干旱	旱	M	《魏书》卷 9
520	夏	5	干旱	旱	M	《魏书》卷 9
521	秋	7	干旱	旱	M	《魏书》卷 9
522	夏	6	干旱	旱	M	《魏书》卷 9
523	秋	8	干旱	旱	M	《魏书》卷 9
527	秋	?	洪水	京师大水	—	《魏书》卷 112
531	秋	7	干旱	丙戌,司徒公尔朱彦伯以旱逊位	S	《魏书》卷 11
532	夏	6	洪水	六月庚午,京师大水,谷水泛溢,坏三百余家	—	《魏书》卷 71

注:1. M 指气象干旱,A 指农业干旱,S 指社会经济干旱;

　　2. ? 代表文献记载不明确,"—"代表没有相关记载。

虽然近年来历史学家们对平城的人口规模进行了研究,但由于历史资料中的人口信息不多,因此很难做到准确。根据平城的移民记录,大多数历史学家认为,平城曾是世界上最大的都城之一,在五世纪中叶达到了人口近百万的顶峰[22]。

为了分析平城市的人口脆弱性,我们试图从历史资料中找出所有的移民记录。幸运的是,之前的一项研究根据大量的历史文献,编制了一份详细的桑干河流域平城和其他城市的移民清单,为我们提供了人口数据学习清单,上面列出了时间、地点、原因、所有重要移民或移民事件中的民族血统和人口规模(不包括不重要的移民)[23]。表2-3-3显示了北魏平城时期,有数以万计的人口或家庭迁入都城。

表2-3-3 北魏平城时期的平城地区移民迁入记录(公元398—494年)

年	民族	类型	人数	户数	来源
398	山东六州民吏及徒何、高丽、杂夷、百工伎巧	城市开发	46万		《魏书》卷2
398	六州二十二郡守宰、豪杰、吏民	城市开发		2千	《资治通鉴》卷110
418	夫余、肃慎	战俘	2千		《魏书》卷3
418	北燕	战俘		1万	《魏书》卷3
426	赫连昌族人	战俘		1万	《魏书》卷95
427	赫连昌群弟及其诸母、姊妹、妻妾、宫人、秦雍人士	战俘	1万		《魏书》卷95
431	宋俘	战俘	5万		《资治通鉴》卷122
433	宋凡城民	战俘		3千	《资治通鉴》卷122
435	北燕	战俘	6千		《资治通鉴》卷123
439	沮渠牧犍宗族及吏民	战俘		3万	《资治通鉴》卷123
441	沮渠天周、臧嗟屈德等	战俘	4千		《魏书》卷4
446	徙长安工巧二千家于平城	城市开发		2千	《魏书》卷4
447	丁零	未定		3千	《魏书》卷4
448	西河离石之民	未定		5千	《魏书》卷4
470	蠕蠕	战俘	1万		《魏书》卷6

为了了解灾害数据、人口数据和气候变化之间的关系,有必要使用高分辨率的古气候指标。然而,过去气候的重建往往受到时间分辨率、地理覆盖范围、准确性、持续时间和可用的连续性的限制记录[24]。为了研究气候对平城的

影响,我们使用了一个长达 2000 年的北半球温带的温度记录,它的分辨率达到年。过去气温的这种重建是基于一组 32 种不同分辨率(年、年—十年和十年)的不同代用指标,所有这些数据都已被证实与当地或地区温度相关[25]。大多数重要的是,我们还利用了另一项研究重建的暖季(5 月、6 月、7 月和 8 月)温度。它使用了石花洞石笋的代用品,石花洞石笋位于大同以东同一纬度大约 200 公里处[26]。尽管基于相同的基本原理,但这些石笋的生长能够提供比树木年轮更长的时间跨度和年分辨率的气候信息。以前的研究已经证明,遍布中国各地的石笋可以提供精确和连续的古气候信息[27]。中国石花洞的暖季温度资料是提高本研究空间分辨率的必要条件,因为石花洞空间上靠近平城,而且纬度基本一致。此外,暖季温度对植物生长至关重要,为研究气候对农业的影响提供了机会。

三、粮食系统、灾害和温度异常

北魏从一个占领了北亚草原和沙漠地区的游牧民族小团体,发展成为一个强大的政权,占领了中国北方的牧场和耕地。平城前期,北魏虽然从五世纪中叶开始接触农耕文明,但其更偏好游牧生活。图 2—3—1 显示了平城期(公元 397—495 年)平城年气温异常和旱涝事件。如表 2—3—1 所示,在公元 410

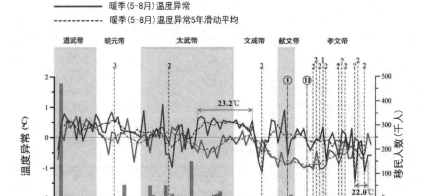

图 2—3—1 平城地区的温度、灾害与人口变动(公元 397—495 年)

注:虚线上的数字和字母表示灾难的季节和类型:1 代表春天,2 代表夏天,3 代表秋天。D 未确认季节的干旱,? 代表干旱或洪水。柱状图显示了流动人口的规模。Ⅰ 和 Ⅱ 表示公元 469 年和 475 年,北魏君主下诏命令全国各地将粮食运到平城。

年的早期阶段，干旱或洪水灾害的历史记录很少。然而，公元415年一场毁灭性的干旱袭击了平城，统治者开始恐慌。他们甚至考虑将首都从平城迁至邺城（今河北临漳），但最终决定留下来维持政权的稳定。在干旱导致严重粮食短缺的压力下，政府迫使民众离开平城前往其他地区缓解危机。根据北半球温带温度异常和石花洞暖季温度异常资料，这次异常干旱发生在一个相对温暖的时期。

公元415年大旱后，平城经历了公元416—475年的繁荣期，仅记录到两次灾害。据史料记载，公元432年，在一个相对凉爽的夏天，一场突发的大洪水袭击了平城数百所民房，但并没有带来饥荒。又一次夏季干旱，加之暖季气温低，影响了公元461年的平城。从公元441年到458年，平均暖季温度为23.2℃，这表明五世纪中叶出现了一个不寻常的温暖阶段，这一时期伴随着北魏耕作文化的兴起。这一暖期，加上充足的降雨，为小米等喜温作物提供了有利条件。因为小米独特的抗旱能力和适应贫瘠土地，它成为了北魏最重要的粮食作物[28]。然而，中国暖季气温在公元460年后突然下降，而北半球的热带外气温记录也显示同期下降，这意味着一个冷期即将到来。

平城晚期（公元477—494年）干旱频繁、持续。这一时期北半球副热带温度异常和暖季温度异常均在0℃以下，说明平城正进入一个寒冷期。此外，石花洞暖季温度异常的5年平均值从公元470年代末开始急剧下降，这意味着中国北方出现了一个异常的降温阶段。如图2-3-1所示，平城期最后五年（公元490—494年）的平均暖季温度降至22.0℃，而暖期（公元441—458年）的平均温度为23.2℃。先前的研究已经证实，在小米灌浆的关键时期，温暖季节的低温会导致小米产量的下降[29]。

更重要的是，与低温相比，频繁的干旱对农作物和畜牧业生产构成了更大的威胁。事实上，小米的生长需要的降雨量比高粱或玉米少，它的成功更多地取决于降雨的时期。然而，在发育期和成熟期的干旱严重影响了小米种子的生长，进而影响粮食的生产[30]。大多数平城的旱灾发生在夏季，但这些旱灾可能是事件记录年的夏季或春夏季旱灾记录。公元481年的历史记录表明，谷物幼苗因农业干旱而枯萎，这也证明了夏季干旱的影响。此外，中国北方牧场经常遭受干旱的踩躏，包括春旱、夏旱和春夏连旱。其中，春季干旱阻碍了牧草的早期生长，在北方草地上造成了频发的严重灾害。夏季干旱也对畜牧业有害，因为它们减少了畜牧业的生产。最后，春夏连旱危害最大，容易造成牲畜大量死亡[31]。五世纪末，干旱伴随生长季节的明显降温同时出现，这可能给平城当地的农牧业系统带来损害，并导致平城的衰落。

从表2-3-1可以看出，从公元398年到494年，平城地区至少发生了12

次干旱,使得干旱成为平城时期最频繁的灾害。根据历史文献的原始描述,绝大多数干旱可归为气象干旱。然而,从公元 480 年开始,农业干旱和社会经济干旱也急剧增加,这表明在平城干旱对经济社会发展的影响越来越大。此外,历史资料并未显示有任何水文干旱,这不仅意味着平城的水运可能不被重视,也表明该地区的水利基础设施可能十分薄弱。

通过对平城饮食体系的分析,我们发现持续低温干旱对社会经济的影响。平城前期的拓跋部落正在经历游牧文明向封建文明的过渡,但当时的拓跋部落依然是以游牧为主的社会经济系统。肉和奶是平城鲜卑贵族必不可少的食物。牲畜来自城市周围的牧场和遥远的蒙古高原[23]。在五世纪初的北魏的经济体系中,草原畜牧业仍然比农业更为重要。北魏两位皇帝分别于公元 469 年和 475 年下令全国其他地区向平城转移粮食,这体现了粮食供应体系的脆弱性,表明粮食短缺日益严重。

四、平城人口迁移和脆弱性

这项研究还考察了平城的人口变化与首都城市脆弱性变化的可能联系。从公元 398 年到 470 年,至少有 5 项关于平城大规模移民的历史记录。北魏的统治者带来了不同民族大量的移民来平城巩固他们的帝国。来自其他地区的移民不仅扩大了平城人口,而且改变了人口结构,包括年龄、种族和职业结构,巩固了平城作为首都的基础。但是,由于大多数移民来自被征服的领土,社会地位低下,与鲜卑贵族相比,他们无法保证自己有可靠的食物供应[32]。

平城的人口迁移记录反映了人口、脆弱性与灾害的关系。然而,在解释它们时需要加以注意。由于中国历史文献中的人口普查记录通常以户籍为基本统计单位,而不是以个人为基本统计单位,因此有必要对一个家庭中有多少人进行评估。

以前的研究表明,平均每个家庭都会有 5 个成员[33]。因此,平城时期的移民总人口超过 80 万(见表 2-3-3 和图 2-3-1),显示了首都的巨大规模。到五世纪中叶,平城可能有 100 万人居住。

平城期的移民过程可分为三个不同阶段。第一阶段的特点是在定都平城之初,包括汉族和其他民族大约 46 万人被迁徙过来充实新首都,尽管后来由于公元 415 年东部的严重干旱导致饥荒,平城失去了大量居民。第二阶段的人口迁移是从公元 418 到 448 年,以小规模和高频率的人口移入为特点。作为太武皇帝快速扩张领土的一部分,这一阶段的移民大多来自其他被征服的地区。如图 2-3-1 所示,这一时期的少数灾害可能有助于平城的人口增长。平城时期移民的第三阶段是从公元 449 年到 494 年孝文帝迁都洛阳。公元

470 年只有约 1 万移民来到平城,而公元 486 年,一半以上的居民由于大饥荒被迫离开了平城。这场灾难引发的人口危机严重削弱了平城的王朝都城地位。

北魏的移民政策无疑为平城的繁荣做出了贡献,使其成为五世纪世界上最大的城市之一。在城市人口快速增长的同时,也给粮食供应体系带来了巨大的压力。公元 469 年和 475 年两个朝廷对粮食的需求,意味着人口众多的粮食短缺问题,已成为 470 年代平城面临的一大难题,这可能是大规模进城移民停滞的原因之一。由于人口的猛增和有限的粮食供应,平城更容易遭受饥荒。

五、减少饥荒灾害的适应性选择

农牧交错带的极端灾害总是引发严重的社会危机,迫使人们适应降雨量和温度的巨大变化[34]。尽管遭受了剧烈气候变化的负面影响,但作为一个强大王朝的都城,平城拥有一些令人羡慕的资源,使它能够应对灾难引发的饥荒。例如,北魏皇帝可以而且确实命令全国其他地方向平城转移粮食,以缓解平城的粮食危机。然而,平城仍生活在灾荒的阴影下。

作为鲜卑拓跋族建立的游牧帝国,北魏皇帝在平城建都,这是一个农牧交错带,耕地和水资源有限。由于来自牧场的牲畜无法满足首都的需要,统治者不得不寻找更多的农田和农民来提供足够的食物。历史上,一个农业大区的主要经济中心往往成为政治权力的焦点,并通过征服或联合发展成为首都。中国古代七个都城:西安、洛阳、开封、北京、临漳、南京和杭州,它们都位于华北平原、长江中下游平原、渭河平原等农作物产区附近。穿越平原的主要河流不仅为粮食生产提供了水资源,而且是粮食运输的重要通道。如果没有水路运输,在工业化前的时代,长途运输的大宗商品成本太高。平城地处海河流域上游,水运条件比黄河中游洛阳差。当自然灾害破坏了平城的农业时,由于无法运送足够的粮食来战胜饥荒,平城可能会遭受更多的粮食短缺。此外,考虑到公元 470 年以来频发的灾害使平城成为一座脆弱的城市,孝文帝决定将都城迁往洛阳,可以认为是对迅速恶化的环境的有效经济适应手段。

进一步研究表明,洛阳在应对灾害方面明显优于平城市。表 2-3-2 显示,洛阳早期(公元 496 年)仅遭受一次干旱,但新首都从六世纪初遭受严重干旱,包括公元 502 年至 509 年的 8 年干旱和公元 518 年至 523 年的 6 年干旱。如图 2-3-2 所示,洛阳的干旱还与北半球温带温度异常所指示的相对寒冷期有关。根据原始史料记载,洛阳时期的四次干旱可归为社会经济干旱。然而,公元 512 年的干旱引发了严重的饥荒,因为救援工作及时并未出现大量灾民离开洛阳的现象。北魏将都城迁至洛阳,最终使都城摆脱了粮食危机,并成功巩固政权。实际上,平城后期,洛阳并不是唯一一个符合粮食安全要求的城市。先前的研究表明,邺城在五世纪末比洛阳具有经济优势,但洛阳因其文化优势而被选为都城[12]。然而,无论哪个城市成为北魏的新都城,迁移的时机都与平城的严重灾害密切相关。与洛阳的拉力相比,平城灾荒的推力是平城迁都的主要原因。

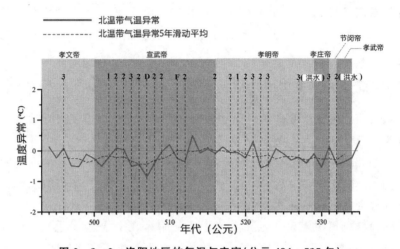

图 2—3—2 洛阳地区的气温与灾害(公元 494—535 年)

注:虚线上的数字表示季节和灾害类型:1 代表春天,2 代表夏天,3 代表秋天。D 代表干旱,F 代表洪涝。

六、五世纪东亚城市衰落

考察北魏都城迁移是否巧合,可以考察同一时期大致处于同一纬度的其他东亚城市的命运。事实上,我们发现位于北纬 40°的其他一些重要城市与平城同时开始衰落,包括位于中国东北吉林省山区的高句丽古城和位于现在中国西北的新疆维吾尔自治区塔里木盆地的另外两个城邦。

高句丽从四世纪末开始了快速的军事扩张,到了五世纪已成为朝鲜半岛上一个强大的政体[35]。然而,高句丽在公元 427 年突然将首都从国内城迁往平壤。与高句丽历史上的前几次首都迁移不同,公元 427 年的迁移是在没有战争压力的情况下进行的。高句丽出人意料地选择了朝鲜半岛南部平原的平壤,取代了他们先前的山中要塞首都。这是一次从鸭绿江盆地山区向南迁移到大同江流域平原的过程。这种都城迁移的方向和盆地特征与北魏所采取的都城迁移十分相似。更重要的是,金川泥炭植物纤维素的高分辨率氧同位素记录表明,这种迁移与五世纪的一次突然的寒冷事件(见图 2—3—3)同时发生[36]。

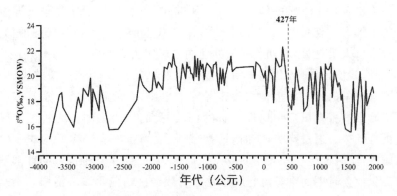

图 2－3－3　中国吉林金川 $\delta^{18}O$ 曲线

以往的研究表明,这次都城迁移是高句丽的一个重要阶段[37]。高句丽人主要生活在山区,遵循五部制,在迁移之前从来没有封建地租制度。在迁都高句丽之后,高句丽的统治者实行了地租制度,标志着高句丽从奴隶社会向封建社会的过渡[38]。有趣的是,北魏孝文帝迁都洛阳之后,也大力推动汉化改革。

值得注意的是,位于北纬 40°的中国西北塔里木盆地的一些繁华城镇在五世纪也开始衰落。塔里木盆地位于中国新疆地区,是一个以天山山脉为界,以青藏高原边缘的昆仑山脉为界的内陆盆地。尼雅遗址位于尼雅河流域,通常被认为是一个古老的绿洲国家的一部分,称为精绝,存在于公元前二世纪至五世纪。喀拉墩遗址是另一个古老的绿洲城市的遗迹,位于克里亚河流域,存在于公元前二世纪到五世纪。这两座城市都在五世纪被摧毁。通过使用花粉和其他地球化学指标,先前对尼雅和喀拉墩遗址的研究表明,气候变化是这一时期这些文明衰落的最重要环境因素[39]。对碳同位素年代学资料空间分布的详细研究表明,由于尼雅河流域环境的变化,尼雅城的废弃从遗址北侧开始,逐渐溯流而上向南扩展[40]。

任何导致大规模资源枯竭的自然或社会因素,如环境变化或人口过剩,都可能导致人类危机。人类社会以各种方式应对这些危机,包括崩溃、移民和创造性干预。这些分布在东亚的城市在同一时期的衰落不能仅仅归因于人为因素。我们认为,五世纪气候的剧烈变化不仅导致了塔里木盆地的城市衰落和高句丽、北魏的都城迁移,而且成为高句丽、北魏社会改革的催化剂。

七、结论

我们以历史灾害记录和高分辨率古气候指标为基础,考察了平城地区五世纪环境变化与社会危机的关系。研究表明,平城后期暖季气温偏低,可能通过延缓谷子的生长发育和成熟而影响粮食生产。此外,公元470年后春夏季频繁的干旱破坏了平城的粮食系统。研究还发现,平城后期暖季气温偏低与频繁的干旱有密切关系。此外,公元450年代以前平城人口的快速增长,主要是由于人口大量迁移,增加了平城社会的自然灾害脆弱性。

此外,我们还认为,北魏统治者以难民避难的形式转移平城的灾民,而不是在严重干旱的情况下为他们提供昂贵的食物,在经济上是有意义的。通过对两个城市的粮食供应和地理位置的比较,我们认为洛阳作为首都在粮食安全上更有优势。通过跨流域和南迁都城,使北魏首都有了更好的农业生产和粮食运输,摆脱了生存发展的困境。我们认为,北魏孝文帝推行的首都迁移是在前工业社会时期面对环境急剧恶化的有效经济适应手段。洛阳并不是唯一一个符合粮食安全要求的城市,孝文帝将其作为新首都可能还有其他原因。然而,统治者为了应对灾难引发的粮食危机而放弃了平城,这应该是合乎逻辑的。平城的衰落和洛阳的崛起,也意味着北魏王朝的经济中心在五世纪末由北方转移到南方。连续干旱和低温破坏了北方农牧业的基础,而南方为城市发展提供了较好的农业条件。北魏虽然长期实行农耕文化和游牧文化,但农耕文化在王朝初期遭到了游牧民族的强烈反抗。然而,由于农业为快速增长的人口提供了更多的食物,最终还是占了上风。然而,农牧业遇到了日益恶化气候的挑战。

更重要的是,对与平城同处北纬40°纬度带的高句丽首都和塔里木盆地遗址的进一步研究,这些城市在同一时期都经历了明显的衰落。基于近年来高时空分辨率古气候科学的成果,本研究表明,五世纪的突然降温可能是这些亚洲城市衰落的最终原因。本研究还认为,北魏和高句丽在迁都后所推动的剧烈社会改革也有可能是对气候变化的社会经济适应,因为这两项改革都侧重于能提供更多粮食的农业发展,而不是畜牧业、狩猎或渔业。因此,本研究表明,本世纪气候的剧烈变化可能引发了这些重要的社会改革,但这种关系背后的具体机制仍需进一步研究。

总之,因为长时间维度上关于人类与环境相互作用的讨论仍然缺乏,我们对亚洲同一气候变化敏感的地区的城市兴衰变迁进行了有益探索。然而,环境变化与城市发展之间的相互作用是一个复杂的问题,需要开展系统性的多学科研究。虽然对于北魏首都移民的原因仍有很大的争论空间,但与气候变化相关的社会危机的理由已经得到清楚证实。

现代社会进入了工业化和信息化的新时代,人类活动对自然生态环境产生了更剧烈的扰动和影响,全球气候变暖,各种重大自然灾害包括洪涝灾害频发,人类的生存环境面临新的更大挑战,这是全人类必须共同直面的重大现实课题。

本章小结

本章是我们开展现代治水研究的历史文化基础，为现代流域防洪治理指明一脉相承的治水文化方向。首先介绍了中国国土环境的基本特征，这是理解治水在中华文明发展史中发挥重要作用的落脚点。接着从中华文明起始大禹治水开始，按时间维度对中国治水文明的历史演变进行了梳理。然后，对我国治水法律法规的产生与历史演变也进行了叙述，这也是中国治水文化的重要组成部分。最后就北魏时期的平城（今大同）的兴起和衰落，进行了一个具体的历史考证，说明进行现代治水和流域防洪治理的重要意义和迫切性。从中国的治水文明史中，我们可以得到进行现代治水和流域防洪治理的历史启示：一是要万众一心，团结一致，凝聚力量，形成治水命运共同体，才能取得治水的成功。大禹的父亲鲧时期，各部落单打独斗，各干各的，没有形成治水合力，难以完成治水这种全流域、全局性的重大挑战。而大禹注意从全局、整体的角度出发，团结各部落首领，统一认识，共同协商治水大计，凝聚各部落的力量，统一行动，形成了以大禹为核心的强大治水合力，最终战胜了洪水。二是治水要讲究科学的方法，按照治水的客观规律而为。大禹的父亲鲧采用的是"水来土挡"堵的办法治水，而大禹采用"洪水宜疏不宜堵"疏的治水方法。方法不同，大禹的父亲鲧治水失败了，而大禹治水成功了。三是要根据每个时代的水情特征，与时俱进，不断开发治水的新技术新方法，破解当代的水情困境而实现治水的目标。

中国几千年的治水活动不仅创造了伟大的物质文明，也创造了伟大的精神文明，是辉煌灿烂的中华文明的重要组成部分。这是我们进行现代治水和流域防洪治理的历史文化基因，影响着我们现代治水的文化方向，是我们开展现代治水的智慧源泉。

珠江—西江流域的防洪治理必须从中国治水文明的历史中吸取智慧，开展防洪治理科学研究工作，厘清流域治水的客观规律，研究科学可行的治理方法，全流域一盘棋，分工合作，形成合力，协同发展，实现流域防洪治理的目标。

第三章

贝叶斯统计理论及其水文统计应用概要

本章首先对水文统计、贝叶斯统计相关理论进行概述,阐述开展治水和流域防洪治理需要用到的相关统计理论和方法。然后对贝叶斯统计理论及应用在国内外的相关研究进行一个较为系统的学术梳理,并结合我们的研究目标进行评述,从而为接下来的理论研究和实证研究提供研究基础、研究方法和研究思路。

第一节 水文统计的相关理论概述

一、水文随机变量

因为水文现象受到众多复杂因素的影响,对水文现象或某水文特征值 X 进行观测时,需要用随机变量来描述,比如,某地区年降水量、某场暴雨降水量,某水文站点年最大洪峰流量、最高水位等。相关问题可以应用概率论与数理统计的理论和方法进行研究和分析。

某水文特征值的随机变量系列 $X_1, X_2, \cdots, X_n, \cdots$ 称为水文系列,是指水文资料中成因相同、相互独立的同类水文变量按一定次序排列组成的系列,如水位系列、流量系列等。水文系列相当于整个总体 X 中的一组样本,所以也称为样本系列,具有确定的统计特性,是进行水文频率分析和研究水文变量多年变化规律的基础。水文统计需要研究的就是水文系列的相关统计特征和有关统计推断问题[41]。

在概率论与数理统计当中,一般把随机变量分为离散型和连续型两种类型。离散型随机变量的取值是有限个或可列无穷个,特点是可能取的值是一列分散的点,所以称为离散型。如某地年降雨的天数 X ,可能取的值是 $0 \sim 365$ 的整数。

连续型随机变量的取值是一个或若干个区间的任一实数,区间是一条连续的线段,所以称为连续型。如某流域水文站点断面的年均流量,可以取某最小流量 Q_o 与极值流量 Q_m 区间 $[Q_o, Q_m]$ 的任一数值。

两种不同随机变量需要分别用不同类型的分布去描述其统计特征。

二、随机变量的概率分布

(一)离散型随变量及其分布

离散型随机变量常用分布律(或称概率分布)来描述其统计规律。

$$P(X = x_i) = p_i, \quad i = 1, 2, \cdots$$

或如表 $3-1-1$ 所示。

表 $3-1-1$　某随机变量分布律

X	x_1　x_2　$\cdots$　x_n
P	p_1　p_2　$\cdots$　p_n

分布律完整地反映了离散型随机变量的统计规律性。随机变量所有可能的取值及取这些值的概率已在表中全部列出,这些概率加起来等于1。

例如,某地 7 月份降雨天数 X ,据统计有下面的概率分布(见表 $3-1-2$)。

表 $3-1-2$　某地 7 月份降雨天数统计

X(天)	0	1	2	3	4	5	6	7	8	9	10	11	12	13	Σ
P(%)	2	4	6	8	10	11	12	12	10	9	7	5	3	1	100

绘制概率分布图(见图 $3-1-1$)能更直观地了解离散型随机变量的概率分布情况。

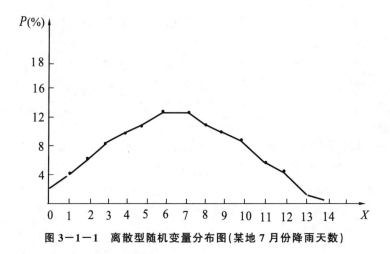

图 3—1—1　离散型随机变量分布图(某地 7 月份降雨天数)

(二)连续型随机变量及其分布

对于连续型随机变量,显然不能用分布律来描述其统计规律性,因为一个区间的所有实数是不可列的,连续型随机变量取某个值的概率总为零,只能研究随机变量取某区间的概率。这时一般先确定 $X \geqslant x$(或 $X < x$)的概率 $P(X \geqslant x)$,记

$$F(x) = P(X \geqslant x) = 1 - P(X < x)$$

称为随机变量的分布函数。

只要分布函数确定,其他各种形式的概率都可以用分布数表示,随机变量的统计规律性也确定了。对连续型随变量,这个分布函数可表示为一个非负函数 $f(x)$ 的积分形式,即

$$F(x) = P(X \geqslant x) = \int_x^\infty f(x) dx$$

$$F'(x) = -f(x)$$

这与定积分应用中求物体的质量的算法一样,$f(x)$ 称为随机变量 X 的概率密度函数,其曲线称为概率密度曲线,如图 3—1—2(左)所示。

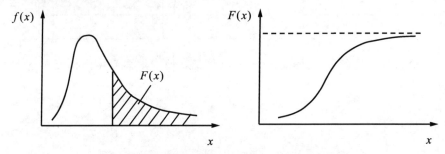

图 3—1—2　概率密度曲线与概率分布曲线关系图

知道了密度函数 $f(x)$,分布函数 $F(x)$ 就确定了, $F(x)$ 从几何意义上相当于密度曲线中阴影部分的面积(见图 $3-1-2$ (右))。对于连续型随机变量来说,一般更关注其密度函数 $f(x)$ 。可以说,概率密度函数完整描述了连续型随机变量的统计特性。只要知道了密度函数,就可以对随机变量的统计特性作出所需要的分析和推断。所以,确定连续型随机变量的密度函数 $f(x)$ 是进行统计分析的基础。

三、随机变量分布的参数

从数学的意义来讲,知道了随机变量的概率分布,包括离散型的分布律和连续型的密度函数,其统计规律性就完全确定了。但在实际问题中,有时可能并不需要道得这么具体,人们往往感兴趣于描述随机变量某种特征的一些常数即可。例如,要了解某地区的降水情况,只要知道这个地区的年平均降水量;要了解一个城市的气温如何,人们关心的是这个城市的年平均温度;一条河流的流量大不大,常关心这条河流的年平均流量等。这种描述随机变量某种特征的常数称为随机变量的特征参数,有时,一个随机变量的分布类型知道了,如果参数也确定了,那么这个随机变量的分布函数就确定了,所以这些参数也称为分布参数。

在实际问题的统计分析中,确定随机变量分布的参数是一个非常重要和关键的问题。特别是在水文统计分析计算中,常用的特征参数有下面几个:

(一)位置参数

1. 平均值 $\bar{x}$

平均值可以这样描述,设有一离散型随机变量 X ,其分布律如表 $3-1-1$ 所示,则其平均值计算公式为

$$\bar{x} = \sum_{i=1}^{n} x_i p_i$$

其中, p_i 相当于随机变量 x_i 的权重,这种加权平均在统计学中称为数学期望,记为 $M(X)$ 。即

$$M(X) = \sum_{i=1}^{n} x_i p_i$$

对于连续型随变量 X ,如果其概率密度为 $f(x)$,则其平均值的计算公式为

$$M(X) = \int_{-\infty}^{\infty} x f(x) dx$$

平均值是最常用的一个参数,如平均降水量、平均温度、平均流量等,它是一个随机变量系列的分布中心,确定分布的位置,称为位置参数,是反映随机

变量系列平均水平的重要参数。$\bar{x}$ 值越大则密度曲线的平均水平值越高，$\bar{x}$ 值越小则平均水平值越小（见图 3－1－3）。

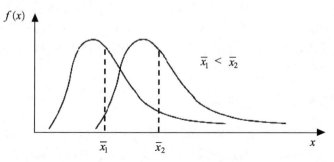

图 3－1－3　均值 $\bar{x}$ 对密度曲线的影响

2. 中位数（中值）$\breve{x}$

顾名思义，中位数就是随机变量取值位于最中间位置的数，记为 $M_e(X)$ 或 $\breve{x}$。随机变量大于或小于中位数的概率都等于 1/2。对连续型随变量，中位数把概率密度曲线下的面积分成两个相等的部分。对于离散型随机变量，把其取值按从小到大的顺序排列，位于中间位置的数即为中位数。

3. 众值（众数）$\hat{x}$

众值是随机变量取值最可能的值，记为 $M_o(X)$ 或 $\hat{x}$。对离散型随机变量是取值概率最大的值或出现次数最多的值，对连续型随机变量，是概率密度函数 $f(x)$ 取极大值时的 x 值。

平均值 $\bar{x}$、中位数 $\breve{x}$、众值 $\hat{x}$ 在密度函数曲线中的位置关系图如图 3－1－4 所示。

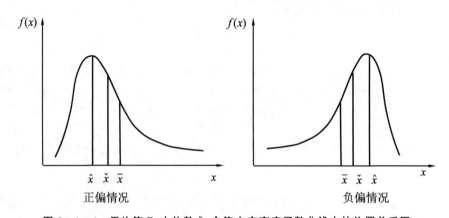

图 3－1－4　平均值 $\bar{x}$、中位数 $\breve{x}$、众值 $\hat{x}$ 在密度函数曲线中的位置关系图

(二)离散程度特征参数

1. 标准差(均方差)σ

定义为随机变量与其均值离差平方的平均值,计算公式为

$$\sigma = \sqrt{\frac{\sum\limits_{i=1}^{n}(x_i - \bar{x})^2}{n}} \qquad (3-1-1)$$

其中,$\bar{x}$ 为随机变量的均值,$x_i - \bar{x}$ 为离均差,表示随机变量的取值偏离均值的大小,由于随机变量的取值有的比均值大,有的比均值小,所以离均差总是有正有负,正负相互抵消其均值为零。为避免正负偏差相互抵消,一般取离均差的平方 $(x_i - \bar{x})^2$ 的平均数再开方作为描述离散程度的标准,故称为标准差或均方差,这时,σ 的单位与随机变量保持一致。这是测度随机变量离散程度的特征参数,一个随机变量的标准差大表示这个随机变量的分布就比较分散,反之就相对集中。

2. 变差系数或离散系数 C_v

均方差只能比较均值相同的随机变量分布的离散程度,如果均值不同,就无法进行比较。这时可采用均方差与均值之比来衡量随机变量系列的相对离散程度,称为变差系数,记为 C_v。计算公式为

$$C_v = \frac{\sigma}{\bar{x}} = \frac{\sqrt{\sum\limits_{i=1}^{n}(x_i - \bar{x})^2/n}}{\bar{x}} = \sqrt{\sum\limits_{i=1}^{n}\left(\frac{x_i}{\bar{x}}-1\right)^2/n} = \sqrt{\sum\limits_{i=1}^{n}(k_i-1)^2/n}$$

$$(3-1-2)$$

其中,$k_i = \dfrac{x_i}{\bar{x}}$ 称为模比系数。

例如有两个系列:

X_A	15	20	25
X_B	995	1000	1005

计算得均方差

$$\sigma_A = \sigma_B = 4.08$$

两系列的均方差相同,但明显可知,A 系列比 B 系列离散程度大得多。两系列的变差系数分别为

$$C_{vA} = 0.204, \quad C_{vB} = 0.00408, \quad C_{vA} \gg C_{vB}$$

即 A 系列的变化程度比 B 系列大得多。所以,比较不同系列的离散程度用变差系数更合适。

变差系数对概率密度曲线和分布函数曲线的影响如图 3－1－5 所示。

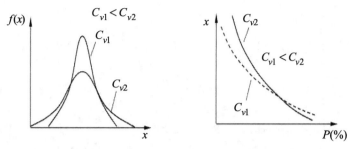

图 3—1—5 C_v 对密度曲线的影响

从概率密度曲线可以看出，C_v 越大，随机变量的分布越分散，C_v 越小，分布越集中。就某条河流的年径流量来说，变差系数 C_v 越大，表示其年际变化越大。而对于概率分布曲线来说，假设其他参数不变，C_v 越大，曲线左侧越抬高，右侧降低，表示随机变量 X 分布越分散；反过来，C_v 越小，左侧越降低，右侧越上抬，表示随机变量分布越集中，曲线趋于平缓。一般来说，大江大河的变差系数要比相对较小的河流小，亦即大河的调节作用要比小河的调节作用大。

3. 偏态系数 C_s

均值 $\bar{x}$ 和均方差 σ 是反映随机系列集中趋势和离散程度的两个重要特征数，除此之外，有时还需要了解随机变量（或数据）分布的形状是否对称、偏斜的程度如何度量等问题，为此常用偏态系数（或偏度系数）来描述概率密度曲线在均值两侧是否对称的特征。偏态系数的计算公式为

$$C_s = \frac{\sum\limits_{i=1}^{n}(x_i - \bar{x})^3}{n\sigma^3} = \frac{\sum\limits_{i=1}^{n}(k_i - 1)^3}{nC_v^3} \qquad (3-1-3)$$

如果随机变量 X 的分布相对于均值 $\bar{x}$ 是对称的，这时正离差和负离差正好相互抵消，则偏态系数 $C_s = 0$，如常见的正态分布；如果分布不对称，这时正负离差不能抵消，偏态系数不会等于零。如果正离差大于负离差，这时 $C_s > 0$，几何上概率密度曲线峰顶在均值 $\bar{x}$ 的左边，即 $\hat{x} < \bar{x}$，称为左偏或正偏；如果正离差小于负离差，则 $C_s < 0$，密度曲线峰顶在均值 $\bar{x}$ 的右边，即 $\hat{x} > \bar{x}$，称为右偏或负偏，如图 3—1—6 所示。C_s 数值越大，偏斜的程度就越大。水文现象中的随机变量系列，大多数偏态系数 $C_s > 0$，属于正偏的，如常用的皮尔逊—Ⅲ型分布。

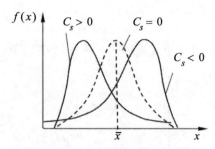

图 3—1—6　对密度曲线的影响

四、水文频率分析统计分布曲线线型

（一）水文统计分析计算的线型选择

在水文频率分析统计计算中，针对具体某一站点洪水变量（如洪峰流量、水位等），如何选择频率曲线线型（统计分布模型）来描述其统计规律性，进行设计洪水的分析计算，目前在统计理论上还没有统一的规范要求。为了使水文分析工作规范化，世界各国通常选用当地大多数长期洪水系列经验点据都能较好拟合的线型以规范或标准的形式予以确定，供本国或本地区开展相关水文统计分析计算应用，使各地的设计洪水成果具有可比性和便于综合协调。

目前，国际上可供选择的常用水文统计线型有 20 多种，如皮尔逊－Ⅲ（P－Ⅲ）型分布、对数皮尔逊－Ⅲ型分布、对数正态（L－N）分布，极值Ⅰ和Ⅱ型分布、广义极值（GEV）分布、耿贝尔分布、威布尔分布等。英国一般选用广义极值分布为主，美国以对数皮尔逊－Ⅲ型分布为主，我国从二十世纪六十年代以来，经过对国内大部分河流洪水极值资料的分析验证，认为皮尔逊－Ⅲ型分布的拟合度相对较好，所以，目前我国大多数河流都一直采用皮尔逊－Ⅲ型曲线进行相关水文统计分析计算。

（二）皮尔逊－Ⅲ（P－Ⅲ）型分布

皮尔逊分布是由英国生物统计学家皮尔逊（ $K \cdot Pearson$ ）发现的一类重要分布，其中第Ⅲ型分布称为皮尔逊－Ⅲ（P－Ⅲ）型分布，我国大部分的河流的水文计算都可以采用皮尔逊－Ⅲ型分布进行统计分析，有相当好的拟合度。在本书的洪水频率分析中我们也将采用皮尔逊－Ⅲ型分布。

皮尔逊－Ⅲ型分布的概率密度函数为

$$f(x) = \frac{\beta^{\alpha}}{\Gamma(\alpha)}(x - a_0)^{\alpha - 1} e^{-\beta(x - a_0)}, \quad x \geqslant a_0, \alpha > 0, \beta > 0$$

其中，$\Gamma(\alpha) = \int_0^{\infty} x^{\alpha - 1} e^{-x} dx$ 称为 Gamma 函数。a_0, α, β 分别为分布的位置（曲

线的起点）、形状和尺度参数。

统计上往往称之为三参数 Gamma 分布。皮尔逊－Ⅲ型曲线是一条一端有限，另一端无限的不对称单峰概率密度曲线，如图 3－1－7 所示。

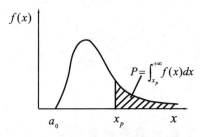

图 3－1－7 皮尔逊－Ⅲ型曲线

皮尔逊－Ⅲ型分布的三个参数与分布的均值 $\bar{x}$、变差系数 C_v、偏态系数 C_s 之间可以证明具有如下关系：

$$a_0 = \bar{x}\left(1 - \frac{2C_v}{C_s}\right)$$

$$\alpha = \frac{4}{C_s^2}$$

$$\beta = \frac{2}{\bar{x}C_v C_s}$$

在水文频率分析计算中，给定频率 P，可以确定随机变量相对应的取值 x_p，即

$$P = F(x_p) = P(x \geqslant x_p) = \int_{x_p}^{\infty} f(x)dx$$

$$= \frac{\left(\frac{2}{\bar{x}C_v C_s}\right)^{\frac{4}{C_s^2}}}{\Gamma\left(\frac{4}{C_s^2}\right)} \int_{x_p}^{\infty} \left(x - \bar{x} + \frac{2C_v}{C_s}\bar{x}\right)^{\frac{4}{C_s^2}-1} e^{-\frac{2}{\bar{x}C_v C_s}\left(x - \bar{x} + \frac{2C_v}{C_s}\right)} dx$$

由上式可知，只要皮尔逊－Ⅲ型曲线的三个参数 $\bar{x}$，C_v，C_s 确定了，x_p 只由给定的频率 P 唯一决定。在水文统计分析计算中，常常需要根据指定的频率 P 推求随机变量相应的 x_p 值，这完全可以按上面的积分式由计算机进行计算求得。在实际运用中，为简化计算，先将变量 x 标准化，得到标准皮尔逊－Ⅲ型分布记为 Φ，即

$$\Phi = \frac{x - \bar{x}}{\bar{x}C_v}$$

Φ 也称为离均系数，其均值为零，标准差为 1，给定 P 值，由上面的积分式

$$P = P(\Phi \geqslant \Phi_p) = \int_{\Phi_p}^{\infty} f(\Phi, C_s) d\Phi$$

$$= \frac{\alpha^{\alpha/2}}{\Gamma(\alpha)} \int_{\Phi}^{\infty} (\Phi + \sqrt{\alpha})^{\alpha-1} e^{-\sqrt{\alpha}(\Phi - \sqrt{\alpha})} d\Phi \quad (3-1-4)$$

上式中被积函数只含有一个未知参数 α 或 C_s

$$\alpha = \frac{4}{C_s^2}$$

在水文统计计算中,将 P,C_s 与 Φ_p 之间的关系制成水文皮尔逊—Ⅲ型分布 Φ 值表,根据给定的 P 和估计的 C_s 查表求出相应的离均系数 Φ_p,再依据关系

$$\Phi = \frac{x - \bar{x}}{\bar{x} C_v}$$

即可求得对应的 x_p,即

$$x_p = \bar{x}(\Phi_p C_v + 1)$$

由模比系数 $k_p = x_p / \bar{x}$,得 $x_p = k_p \bar{x}$,代入上式从而可得

$$k_p = \Phi_p C_v + 1$$

根据 C_s / C_v 比值查皮尔逊—Ⅲ型分布累积频率曲线的模比系数 k_p 值表,从而得

$$x_p = k_p \bar{x}$$

由此可知,绘制皮尔逊—Ⅲ型分布概率密度曲线或累积频率曲线可归结为:由给定的概率(累积频率) P 及三个参数 $\bar{x}$,C_v,C_s 查模比系数 k_p 值表得对应的 k_p,计算相应的 x_p 值,根据 (P, x_p) 绘制频率曲线或累积频率曲线。

例如:假设某河流量 Q 的概率分布服从皮尔逊—Ⅲ型分布,其洪峰流量的均值为 $\bar{Q} = 100 \mathrm{m}^3/\mathrm{s}$,变差系数 $C_v = 0.6$,偏态系数 $C_s = 4C_v = 2.4$,查模比系数 k_p 值表得不同的 P 值对应的 k_p,并用公式计 $Q_p = k_p \bar{Q}$ 算出相应的 Q_p,如表 3-1-3 所示。相应的皮尔逊—Ⅲ型累积频率曲线,见图 3-1-8。

表 3-1-3　皮尔逊—Ⅲ型累积频率曲线表

$(\bar{Q} = 100 \mathrm{m}^3/\mathrm{s}, C_v = 0.6, C_s = 4C_v)$

P（%）	1	2	5	10	20	50	75	90	95	99
k_p	3.29	2.81	2.21	1.76	1.32	0.79	0.59	0.52	0.51	0.50
Q_p	329	281	221	176	132	79	59	52	51	50

皮尔逊—Ⅲ型曲线适合我国很多河流的水文频率分析,但我国幅员辽阔,地理气候特征复杂多变,洪水成因各有不同,水文情势的差异较大。在应用皮

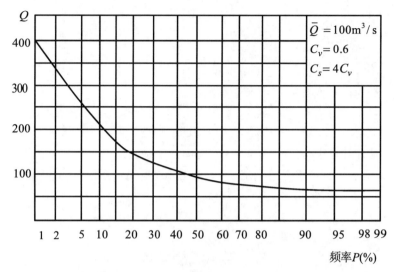

图 3－1－8　皮尔逊－Ⅲ型累积频率曲线

尔逊－Ⅲ型曲线进行分析计算时,应先检查频率曲线与经验点据的拟合情况,进行适配性调整(主要是调整 C_v 和 C_s)及检验,从中选择一条与经验点据拟合较好的曲线作为采用曲线,相应的参数作为总体参数的估计值,进而根据这组参数推求对应的 x_p 值。

如果即使调整了参数,适配效果还是不理想,应该考虑采用其他线型。

在进行配线时,如果能加进历史特大洪水的数据,对合理确定曲线参数会有很大帮助,而且历史越久远,作用越大,但可能数据资料的误差也会相应增大,这时需要具体分析其可能的误差范围,慎重选择。

在进行优化适线时,一般可以利用下面三种不同的适线准则通过计算机求解与经验点据拟合最优的频率曲线。

1. 离差绝对值和最小准则(ABS):

$$F(\hat{\theta}) = \min \sum_{i=1}^{n} \left| x_i - x(p_i, \theta) \right| \qquad (3-1-5)$$

2. 相对离差平方和最小准则(WLS):

$$F(\hat{\theta}) = \min \sum_{i=1}^{n} \left[\frac{x_i - x(p_i, \theta)}{x(p_i, \theta)} \right]^2 \qquad (3-1-6)$$

3. 离差平方和最小准则(OLS):

$$F(\hat{\theta}) = \min \sum_{i=1}^{n} \left[x_i - x(p_i, \theta) \right]^2 \qquad (3-1-7)$$

其中,θ 为总体分布模型(频率曲线)的参数,如皮尔逊－Ⅲ型分布,$\theta = (\bar{x}, C_v, C_s)$,$\hat{\theta}$ 为 θ 的估计,p_i 为频率,$x(p_i, \theta)$ 为频率曲线的纵坐标值(由 P,θ

按公式计算得到的 x_p），n 为经验点据的个数。

适线准则的选择要综合考虑洪水资料数据的精度、分析求解的方便性来确定。如果洪水系列内各值的误差比较均匀，一般采用 OLS 或 ABS 准则；如果不同量级的洪水误差差别比较大，而相对误差比较均匀时，可考虑采用 WLS 准则。

而对 OLS 或 ABS 准则的寻优求解可采用阻尼最小二乘法（Levenberg-Marguardt 法）；对 ABS 准则的寻优求解也可采用模式搜索法（Hooked-Jeeves 法）。

五、历史洪水资料对洪水频率分析的影响

在本书的流域洪水频率分析中，需要用到历史洪水数据来参与相关分析，这里介绍一下历史洪水数据的收集处理方法。

1. 洪水资料的选样方法

在实际洪水频率分析中，一般人们往往关心的是逐年洪水的特征值，如某河流站点的年最大洪峰流量 Q、最高洪峰水位 H 等。假定这些洪水特征值是独立同分布的随机变量，从历史实测洪水资料中得到的洪水特征系列 $x_1, x_2,$ $\cdots, x_n$，可看作是从特征总体分布中随机抽取的一组样本，基于这组样本进行水文统计分析计算。

我国的大部分河流多属于雨洪型，每年汛期可能发生多次洪水，从这些洪水中选取作为该年洪水特征值组成样本的选样方法一般有下面四种：

（1）年最大法。选取每年洪水特征值最大的一个，n 年就得到 n 个样本系列。这是我国各级水利水电部门做水文统计分析计算常采用的方法。

（2）超大值法。把 n 年的资料看作是一个连续的过程，从中选取 n 个最大的洪水特征值作为洪水系列。

（3）超定量法。先确定一个洪水特征值的阈值 Q_{m0}，把 n 年中超过这个阈值的洪水特征值都作为样本系列。这种情况会出现有些年的洪水没有被选取，而有些年会有多个洪水被选中。

（4）年多次法。选取每年洪水特征值最大的 k 个，n 年就得到 nk 个样本系列。

在实际问题中，采用哪一种选样方法，要根据研究问题所关心的洪水特性来确定。在防洪减灾工作和水利工程建设的过程中，人们往往关心的是这一年当中最大的洪水有多大，以此来确定防洪减灾和水利工程建设过程中应采取的防洪应对措施。因此，人们最关注洪水的年极值分布，以了解当地这类洪水发生的概率，年最大值法是我国各级水利水电部门最常用的洪水系列选样方法。

2. 历史特大洪水资料的利用

由于我国经济社会和科学技术发展的制约,全国各地对河流水文特征数据进行大规模连续的监测历史并不长,资料的长度(n)大概仅有 30～50 年,通过插补展延多的也就 100 年左右的时间,所以洪水的实测数据系列都不长,而要以此来对一百年、几百年甚至千年的洪水特征值进行统计分析,如推算百年一遇以上的洪水,这些实测资料是难以支撑和令人放心的。如何进一步增加水文数据系列的长度,扩大进行洪水频率分析的样本容量,利用一切可能利用的数据,增加洪水频率分析成果的可信度,充分挖掘历史洪水的相关数据,融合进实测数据当中,综合进行洪水的频率分析是一个重要途径。因此,进行历史洪水资料的调查考证和处理,获得尽可能多而有效的特大洪水信息资料是非常有现实意义的。

我国治水历史悠久,治水文化灿烂而辉煌,中华民族五千多年农耕文明的发展进步一直伴随着与洪水和干旱的治水斗争,历朝历代和地方的历史记录都包含丰富而翔实有关洪、涝、旱等自然灾害的各种历史描述,是我们不可多得的研究洪水频率分析的数据资料。在我国水文分析计算中,各主要河流都有利用历史洪水调查和特大洪水处理来提高洪水频率分析精度的成功案例。表 3－1－4 是中国部分主要河流调查与实测最大洪峰流量统计表。

表 3－1－4 中国部分主要河流调查与实测最大洪峰流量统计表

河名	站名	集水面积	调查洪水		实测洪水		实测系列长度	调查洪峰与实测洪峰比值
		面积 $F(\mathrm{km}^2)$	流量 Q_m (m^2/s)	发生时间	流量 Q_m (m^2/s)	发生时间		
嫩江	江桥	177300	15600	1932.8	10600	1969.9	41	1.47
松花江	吉林	44100	12900	1909.7	7720	1953.8	39	1.67
浑河	沈阳	7920	1190	1888.8	5550	1935.7	47	2.14
太子河	本溪	4190	10200	1888.8	14300	1960.8	41	0.71
辽河	通江口	110300	6910	1890.8	1500	1962.8	30	4.61
大凌河	复兴堡	2932	16200	1930.8	4660	1959.8	36	3.48
大凌河	大凌河	17690	30400	1949.8	15000	1962.7	24	2.03
滦河	滦县	44100	35000	1886	34000	1962.7	47	1.03
永定河	官厅	43400	9400	1801.7	4000	1939.7	60	2.35
拒马河	干河口	4740	18500	1801.7	9920	1963.8	33	1.86

续表

河名	站名	集水面积	调查洪水			实测洪水		实测系列长度	调查洪峰与实测洪峰比值
		面积 $F(\text{km}^2)$	流量 Q_m (m^2/s)	发生时间		流量 Q_m (m^2/s)	发生时间		
滹沱河	黄壁庄	23270	2000~27500	1794.7		13100	1956.8	58	1.53~2.10
漳河	观台	17800	16000	1569		9200	1956.8	25	1.74
黄河	兰州	222550	8500	1904.7		5900	1946.9	50	1.44
黄河	陕县	687900	36000	1843.8		22000	1933.8	41	1.64
无定河	绥德	28720	11500	1919.8		4980	1966.7	32	2.31
渭河	咸阳	46860	11600	1898.8		7220	1954.8	53	1.61
泾河	张家山	43220	18800	18××		9200	1933.8	52	2.04
北洛河	洑头	25150	10700	1855		4420	1940.7	51	2.42
伊河	龙门	5320	20000	223		7180	1937.8	43	2.79
洪汝河	板桥	760	4810	1832.7		13000	1975.8	32	0.37
沙颍河	官寨	1120	9000	1896.6		14700	1975.8	30	0.61
沂河	临沂	10320	30000	1730.8		15400	1957.7	33	1.95
长江	宜昌	100500	110000	1870.7		71100	1896.9	107	1.55
长江	寸滩	86600	100000	1870.7		65300	1968.7	44	1.53
岷江	高场	135400	51000	1917.7		34100	1961.6	45	1.50
湘江	湘潭	81640	21900	1926.6		20300	1968.6	34	1.08
钱塘江	芦茨埠	31490	26500	1901		29000	1955.6	37	0.91
西江	梧州	329000	—	—		54500	1915.7	44	—

数据来源:梁忠民,钟平安,华家鹏.水文水利计算[M].2版.北京:中国水利出版社,2008.

　　在我国各地的水利工程建设当中,有的往往需要按 100 年、200 年一遇,甚至几百年一遇洪水的标准进行设计,因此,大都需要考虑历史特大洪水的资料进行洪水的频率分析。如在二十世纪六十年代以后我国建设的 50 多座大型水库中,由于历史的原因,在进行设计时所拥有的实测资料系列长度平均只有 28 年,大部分都小于 30 年。在这些水利工程设计过程中,普遍使用了相关流域经考证可以定量的历史洪水资料 150 年,平均洪水重现期为 143 年,相当于实测洪水系列长度的 5 倍。经过后来几十年的运行,事实证明,工程设计质量均有所提高(见表3—1—5),大概有60％工程的设计洪水洪峰、洪量值的变幅在±10％以内,从中可以看出历史洪水在确定设计洪水成果中发挥的重要作用。

表3—1—5　44项水利工程成果与近期复核成果比较表

项目		变幅(%)						
		＜±5	±(5～10)	±(11～15)	±(16～20)	±(21～25)	±(28～30)	＞±30
洪峰	工程数目(座)	17	12	5	3	4	1	2
	占工程总数的百分比(%)	38.6	27.3	11.4	6.8	9.1	2.3	4.5
洪量	工程数目(座)	19	4	7	2	4	3	2
	占工程总数的百分比(%)	46.3	9.8	17.1	4.9	9.8	7.3	4.9

注:1. 洪峰、洪量为与工程的设计标准值作比较;

　　2. 除个别工程外,洪量均以3～7天的短时段洪量值作比较。

3. 历史洪水的实地调查考证

我国是一个治水历史悠久的文明古国,治水与农耕文明之间关系非常密切,对洪涝与干旱的关注度非常高。大多数流域沿岸历朝历代的地方政府和民众对世代定居的所在地曾经发生的历史大洪水通常在当地的地方志、历史文献或以祖祖辈辈代代流传的方式被记录下来。通过实地调查、访问和考证,认真挖掘这些资料一般可以获得最近一二百年,甚至数百年、千年内特大洪水发生的情况,通过适当的数据处理,把这些大洪水的资料融入到相关水文分析计算当中,这样就可以大大增加洪水系列的长度,从而提高洪水频率分析计算的精度和可靠性。历史洪水的调查考证一般有以下几种方式[42]:

(1)访问考证

访问当地年长者,通过联系当地历史重要事件,询问其对曾经发生的特大洪水的记忆,包括年份、日期、危害程度,得到尽可能准确的描述,包括哪个位置的田地、古建筑物的哪个具体部位被洪水淹没了等。同时,尽量综合不同人和不同物的洪痕描述,相互印证得到历史洪水的具体数据资料。

(2)痕迹考证

中国很多地方都有通过碑记、刻字的方式记录历史重要事件的文化,以唤起后人对其产生记忆。最早在商周时期,碑刻就已经出现,其承载着丰富的社会信息,是我国古代非常常见的一种文化载体,是历史记忆和传统文化的重要组成部分,这种"石头上的历史"由于信息丰富,可信度高,成为进行历史考证的重要文献资料。如珠江—西江流域的梧州市四化洲岛的数百年古老庙宇墙壁上留下的最高洪水水位刻记;长江流域上游发现多处标志着 1153、1227、1560、1788、1796、1860、1870 等年最高水位的刻记和碑记;黄河支流沁河上也有关于 1482 年最高洪水水位的墨写字迹。这些刻记和碑记资料是研究河流历史洪水的重要宝贵资料。

(3)文献考证

中国拥有古老的传统文化,对历史上发生过的重大事件会通过各种方式记录下来,如县志、府志、省志等形式的地方志,对历史上发生过的重大洪水和干旱灾害都会有明确描述和记载。一般,年代越短,记载越完整详细和准确,特别是明清时代近六百年来的记录,是我们进行洪水考证的重要文献资料。远的可以追溯到一两千年以前的历史文献,从中也能得一些关于洪水干旱的描述,但由于年代久远,斗转星移,物非人非,记录显得不够明确具体,多有遗漏,这种文献资料需要小心使用。另外,有些具有一定文明历史的河流,如黄河、长江等中华文明的发源地,会有专门记述其自然地理状况、洪水干旱灾害和治理历史的相关河渠资料典籍。如创作于六世纪的《水经注》,详细记载了一千多条大大小小河流及相关的历史遗迹、人物典故等;成书于清雍正三年(1725 年)的《行水金鉴》,共有 175 卷,1 至 60 卷记述黄河,61 至 70 卷记述淮河,71 至 80 卷记述长江,……,175 卷详载了分布在黄河、运河上的闸坝涵洞的位置及功能,加上续集就有 483 卷之多,其以时间为序,记述了流域变迁、河流历史上的灾患及其历代为防水患的治理得失等。还有,相关河流沿岸乡村一些家族的族谱和私人的笔记、日记、账本等有时也会记录有关于历史洪水信息。由于科学技术发展的制约,在这类文献资料中,对历史洪水的描述大多是定性的,需要根据这些描述与调查得到的其他历史洪水水位数据进行比较核实,判断确定其相对大小,以在进行历史洪水的分析计算中加以合理运用。

(4)实地勘查

历史洪水数据资料除可以通过以上各种方法获得,还可以通过野外实地勘查,考察确认曾经发生的历史洪水天然痕迹,如洪水沉积物高程、土壤地层地貌结构的变迁等来确定洪水水位,结合碳 14 同位素测年法测定有机沉积物来确定洪水发生的年代,这种途径可以调查获得年代非常久远的历史洪水的相关数据。如黄河三门峡人门岛在 1843 年发生了最高洪水水位达 301m 的大洪水,史辅成等人根据人门岛顶部 302m 高程处灰层中的灰烬和砖瓦碎片,经碳 14 同位素测年法等技术测定其为公元 1000 年左右唐宋时期的遗物,由此推断这场大洪水是近千年来遭遇的一场大洪水,即千年一遇的特大洪水。詹道江等人利用相似的方法通过分析研究淮河响洪甸的古洪水,确定了淮河三千年以来发生的两场最大洪水的流量及其可能年代。美国的 J. E. Costa 确定了大汤普森河在 1976 年 8 月 31 日发生的洪水是五千年以来的最大洪水。

历史洪水相关数据的准确性对进行洪水频率分析的成果会产生重要影响,起决定性作用,因此必须十分慎重,要认真核查洪水水位的可靠性和精度。比如,可以通过检查该河段内其他调查点同次洪水的最高水位高程,绘制出洪水水面线,再与实测的若干次大洪水水面线和河底纵断面线进行对比分析,检验历史洪水高程与水面线的可靠性,以确定该次历史洪水在调查点位置的最高水位及水面比降。

4. 历史洪水洪峰和洪量的推算

根据历史洪水考证得到的洪痕水位高程、相应行洪断面测量成果以及河道的糙率,就可计算该次洪水的相应洪峰流量,主要有下面几种方法:

(1)水位—流量关系曲线法

根据离洪痕所在位置最近的水文站的水位流量关系曲线推算洪峰流量。这是一种比较可靠的方法,但在延长水位—流量关系曲线时,要注意水面比降、河床糙率等水力因素随水位升高的变化情况。注意,如果外延过远,由此推算得到的洪峰数据可能不太可靠。

(2)比降—面积法

根据历史洪水调查得到的相关数据,设

Q:流量(m^3/s);

A:洪痕高程以下对应的河道断面面积(m^2);

S:水面比降;

R:水力半径(m);

n:糙率。

利用曼宁公式即可计算得到相应历史洪水的洪峰流量

$$Q=\frac{AR^{\frac{2}{3}}S^{\frac{1}{2}}}{n}$$

比降—面积法应注意糙率 n 的慎重选用,这是影响推算结果精度的主要焦点所在。在实际应用中天然河道的糙率是利用曼宁公式根据实测流量 Q、比降 S、断面 A 及水力半径 R 进行逆推求得

$$n=\frac{AR^{\frac{2}{3}}S^{\frac{1}{2}}}{Q} \tag{3-1-8}$$

为保证所求糙率的精度,从统计的意义上来说最好多实测几次,求出相应的糙率 $n_1,n_2,\cdots,n_k$,取平均值 $\bar{n}$ 作为该河段的糙率估计值

$$\bar{n} = \frac{n_1 + n_2 + \cdots + n_k}{k} \qquad (3-1-9)$$

在实际应用中,还可以根据不同地形地貌、河道形态、河床质地等特征,依据实测结果编制出版不同类型河段的糙率表,供实际部门在实际应用中作为参考选择使用。如美国地质调查局 1967 年就出版了 50 多种不同类型河段的糙率计算成果,编制成糙率表,表中附有不同类型河段清晰的彩色照片、水力特征,非常有参考价值。我国辽宁、湖南等水文部门也编制出版有相似的糙率表,极大地方便了实际部门水文分析计算的应用。

(3)控制断面法

如果调查洪痕位于堰坝、卡口和急滩等控制断面上游附近,可以利用堰坝、卡口和急滩等相应的临界流速公式进行洪峰流量的推算。对山区陡坡河道,由于跌水险滩往往接连不断,流场很不规则,特别是洪水期间还会携带有大量漂浮物、悬移质及推移质等,一般不适宜采用曼宁公式使用糙率进行流量计算,这时采用控制断面法计算流量应该更为可靠。

5. 结合历史洪水的洪水频率分析

得到历史洪水的调查数据后,结合实测洪水数据就可以进行更为精确的洪水频率分析。

历史洪水在调查考证期中的排位分析过程如下:

把具有洪水实测资料的年份(包括插补展延年份)称为实测期;将调查历史洪水中最早的发生年份迄今的时期内除实测期以外的部分称为调查期;把调查期以前可以通过历史文献资料考证的时期称为考证期。把调查期和实测期的几次最大洪水进行排序,就可以计算相应洪水的经验频率,从而降低洪水频率分析成果的抽样误差。对于在调查期内一些只是有定性描述而难以定量因而不能确定其排位的历史洪水,可以参照文献中关于这些洪水雨情、灾情的记载,与已经定量的洪水一起将它们分成若干等级,在每个等级中选取可以定量的一次洪水作为该级的中值或下限。分级统计洪水的洪峰流量和相应的经验频率,作为洪水频率分析的依据。

在考证期中,一般得到的历史洪水大都是定性的,只有少量的可以通过参照河流冲积物和历史遗迹,利用现代科技如碳 14 同位素测年法得到更古老的特大洪水。

下面是位于汉江中游的安康站历史洪水在调查考证期中的排位情况。实测期为 1935—1990 年共 56 年的流量记录(1939—1942 年为插补),其中 1983 年为这 56 年间洪水最大的一年,实测流量 $31000\text{m}^3/\text{s}$。依据安康地区 20 个州、县志文献记载的雨情、水情和灾情严重程度,把其中的大洪水分为非常洪水、特大洪水、大洪水三个等级,其文献考证和实地调查情况如图 3—1—9 和

表 3-1-6 所示。

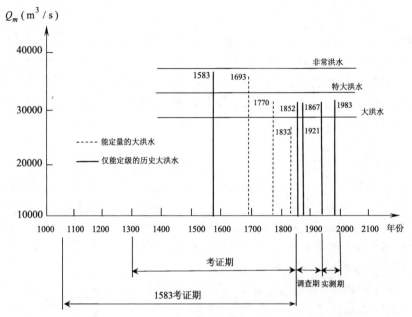

图 3-1-9 汉江安康站历史洪水调查考证情况

表 3-1-6 汉江安康站历史洪水分级及排位情况表

洪水分级	调查考证期	年份	排位	各级内代表年份及洪峰估值	
				年份	洪峰流量（m³/s）
非常洪水	约 900 年 （1068—1990 年）	1583	1	1583	36000
特大洪水	298 年 （1693—1990 年）	1693	1	1983	31000
		1983	2		
		1867	3～4		
		1770	3～4		
		1852	5		
大洪水	159 年 （1832—1990 年）	1983	1	1921	26000
		1867	2		
		1852	3		
		1921	4		
		1832	5		

在进行洪水频率分析的时候,由于实测资料较少,往往只有几十年的数

据,要在此基础上推求百年、千年甚至万年一遇的洪水,存在较大的风险和不确定性。充分挖掘和利用历史洪水信息,扩大洪水的信息量,可以显著降低估算结果的不确定性,提高预测的可靠性。

第二节　贝叶斯统计理论及其应用概要

一、贝叶斯统计理论的产生

早在 1763 年,英国数学家托马斯·贝叶斯(Thomas Bayes,1702—1761)的朋友理查德·普莱斯(Richard Price)在贝叶斯过世两年后,整理贝叶斯的手稿遗物时发现并替他发表了后称为贝叶斯公式的一篇论文,1812 年法国著名数学家拉普拉斯(Laplace)独立研究重新发现了这个公式,为了纪念贝叶斯的贡献,将其正式命名为贝叶斯定理。在后来的两百多年间,贝叶斯定理并没有得到学术界太多的关注。直到二十世纪初,贝叶斯公式才慢慢开始得到重视。在这一时期,值得一提的是以意大利菲纳特(B. de Finetti)、英国杰弗莱(Jeffeys)为代表的统计学家对贝叶斯统计理论作出的新贡献,形成了比较系统的相关方法和学说。1950 年美籍罗马尼亚统计学家瓦尔德(Wald)在其著作《统计决策函数论》中提出了统计的决策理论,贝叶斯统计理论在其中发挥了重要作用。信息论的发展也对贝叶斯统计理论作出了重要贡献,更重要的是在一些实际应用的领域中,贝叶斯方法取得了相当的成功。二十世纪五十年代以后,随着计算机技术的产生和发展,特别是最近几十年,大量的统计学家投入到贝叶斯统计理论及应用的研究工作,开拓出一片广阔的统计新天地,最终发展成一种与经典统计方法不同的新统计理论——贝叶斯统计。

贝叶斯统计作为一个新的统计学派,最近二三十年提出了很多有效的方法,这些方法的发展都是从简单到复杂,与人的思维模式非常相似,易于被大家接受。在实际应用中,贝叶斯估计的有效性不断增强,估计精确度也在不断提高,应用场景不断得到拓展。从模型的稳定性和预测精度两个方面来看,贝叶斯预测模型优于非贝叶斯模型,因此贝叶斯方法获得越来越多专家学者的认同。从国内外的文献资料来看,贝叶斯统计推断理论几乎可以作为每一个学科的研究工具之一。既可以用于质量控制、软件质量评估、医学检查、临床试验、核电站可靠性评价,也可应用于水文事件频率的估计、犯罪学不完全记数的估计以及保险精算等。近年来贝叶斯统计理论在宏观经济预测中也取得了巨大的成功。

在统计学的世界里面,经典统计和贝叶斯统计两大主流学派,一度针锋相对,各自坚持自己才是处理统计问题的最好方法。不过随着统计学理论研究和应用的发展,基于两大学派的交叉点越来越多,也开始慢慢走向融合。

二、贝叶斯统计理论及应用研究学术梳理

(一)国内外相关研究的学术梳理

贝叶斯统计方法是基于贝叶斯定理而发展起来的。目前,贝叶斯统计理论的研究主要有两大问题:先验分布的构造(或选择)和后验分布的计算。先验信息或先验分布的使用是贝叶斯统计方法与经典统计方法区别的基本特征,先验分布的确定是贝叶斯统计推断的前提,也是贝叶斯统计研究的重点问题之一。

目前,还没有统一的先验分布构造方法,比较常用的方法主要有无信息先验分布(或扩散先验分布)和共轭先验分布两大类。一般可以根据过去的经验或其他信息来确定参数的一个先验分布。Kass、Wasserman(1996)阐述了关于先验分布选择的哲学思想和方法。李勇(2005)研究了在一个参数的可选先验分布中选择一个最优先验密度的方法。陈文强、李小蕊等(2009)通过引入损失函数和风险函数,把选择一个合理的先验看作是一个贝叶斯决策问题,并在"0—1"损失函数的情况下,提出后验似然合理先验就是最小风险合理先验。王小林、郭驰名等(2010)针对多源先验信息贝叶斯融合中先验分布权重分配问题,提出了一种基于后验风险的权重确定方法——构造后验风险矩阵,并基于后验风险与先验分布权重成反比的原则建立权重求解方程,进而求得各先验分布的权重系数,并通过算例证明了该方法的有效性。赵勇、刘建新等(2014)针对过度依赖先验信息问题,提出了使用混合 Beta 先验分布,引入继承因子,通过调整继承因子的大小来控制对验前信息的依赖程度。唐宁、蔡晋等(2018)结合零件—设备成组优化的网络模型,提出一种基于贝叶斯推理的扩散先验分布的识别算法。董林松、方铭、王志勇(2018)依据设定先验超参数的原理,探讨了对单核苷酸多态性(SNP)基因型进行与不进行标准化两种策略下先验超参数的设定方法。总之,先验分布的确定在目前情况下真可谓各施各法,只要符合概率的公理化原则都可以根据所研究问题的具体情况来进行适当选择或构造。

至于后验分布的确定,理论上看似简单,但要确定其具体分布会碰到相当复杂的计算问题。这当中涉及大量数值积分、模拟分析、非线性方程迭代求解等问题。目前,常用的方法是基于马尔科夫链的蒙特卡罗(Markov Chain Monte Carlo)模拟计算方法(简称 MCMC 方法),可用计算机来完成相关的具

体计算,从而得到所需要的近似参数后验分布特征。MCMC 方法在后验分布计算方面的广泛应用,较好解决了贝叶斯统计的实际应用计算问题,贝叶斯 MCMC 方法已经成为研究推广贝叶斯估计特别流行的工具。这种方法的基本理论框架最早可追溯到 Metropolis(1953)和 Hastings(1970)相关的研究工作。Brooks(1998)、Shao(1989)、Besag(2005)等学者也从不同角度对 MCMC 方法及相关问题进行了广泛研究。方兴华、宋明顺等(2012)在非共轭先验分布的条件下,利用基于 MCMC 方法解决了贝叶斯质量控制中的后验分布确定问题。郑进城、朱慧明(2005)运用 Gibbs 抽样的 MCMC 方法,解决时间序列 $AR(p)$ 模型贝叶斯分析过程中所遇到的复杂数值计算问题,借数据仿真分析来说明运用 WinBUGS 软件建模的分析过程,得出以 MCMC 为基础的 Win-BUGS 软件,简化了贝叶斯 $AR(p)$ 模型的实际应用结论。朱慧明、张伟(2014)针对模型参数随机化条件下的不确定性风险问题,构建贝叶斯面板数据随机效应模型,通过分析模型的统计结构,设置参数的先验分布,利用贝叶斯统计方法推断了模型参数的后验分布,设计相应的 Gibbs 抽样算法,据此进行模型参数估计,并利用民营上市企业绩效数据进行实证分析。范毅、黄刚等(2018)基于 Copula 函数开发了一种多变量生态水文风险评估框架,用于分析三峡库区香溪河流域极端生态水文事件的发生频率,通过 MCMC 方法量化边缘分布及 Copula 函数中参数的不确定性,并基于后验概率揭示联合重现期的内在不确定性,同时进一步得到双变量及多变量风险的概率特征,研究结果显示所得概率模型的预测区间可很好地匹配观测值。

经过最近这几十年的发展,贝叶斯统计理论和方法达到了一定完善地步,目前,相关理论和方法还没有更进一步重大的突破,倒是其逐渐得到普及和在解决实际问题中的广泛应用引人关注,不少学者在贝叶斯统计应用方面取得了一些重要成就。Litterman(1986)利用贝叶斯多元自回归模型,对国民生产总值等 7 个指标进行预测,取得了较好的效果。Banergee(1993)、Bauwens(1994,1998,1999)和 Wes(1997)基于贝叶斯统计理论研究了动态经济计量模型。Kasuyat 和 Tanemura(2000)由后验信息和蒙特卡罗方法依据居民消费价格指数等 8 个经济指标构造了一个小型贝叶斯日本经济预测模型。Griffiths 和 Bewley (2002)研究了贝叶斯对数扩散预测模型。刘乐平、张美英、李姣娇(2007)从现代贝叶斯分析的角度探讨了贝叶斯计量经济学建模的基本原理,并通过具体应用实例详细介绍了贝叶斯计量经济学常用计算软件 Win-BUGS 的主要操作步骤。熊欧(2009)从贝叶斯原理出发在假定滑动平均模型阶数 q 有已知上界,并为离散随机变量,且具有先验分布函数的条件下,讨论了在平方损失下 MA 模型阶数的贝叶斯估计。樊重俊(2010)在条件似然函数意义下,讨论了基于矩阵正态——Wishart 分布的多元时间序列贝叶斯分析方法,得到了模型参数的后验分布与一步预测分布,给出了分量方程的对应结果,说明了模型参数的推断方法,作为应用,对上海房地产价格指数数据进行预测建模,取得较好效果。周乾(2011)在结合贝叶斯参数估计方法的前提下,分析介绍了时间序列 AR 模型的条件似然函数及相关参数的共轭先验分布,在此基础上,重点研究了正态—伽马先验分布情况下该模型的贝叶斯推断理论,通过选取江苏省的进出口相关样本数据,运用 WinBUGS 软件进行了 AR 模型实证应用分析。李佳州、周新刚(2013)根据贝叶斯分析的基本原理,研究了混凝土碳化深度预测的贝叶斯自回归方法,该方法根据马尔科可夫链(Markov Chain)的概率密度演化,利用吉布斯(Gibbs)抽样及蒙特卡洛(Monte Carlo)数值模拟,建立了混凝土碳化深度的贝叶斯自回归模型,利用该方法和实测的碳化深度结果,可以对混凝土碳化深度进行更新预测。王培军、庄连英(2015)提出一种基于贝叶斯估计的目标特征识别扩散参数挖掘模型,有效挖掘出局部离群点,提高对特征参数的识别能力。应珊珊(2018)将贝叶斯方法与土壤溶质迁移数值模型耦合,分别对氮和农药五氯酚(Pentachlorophenol,PCP)的迁移转化过程进行反演识别,定量解析各个过程对溶质消减的贡献率,基于贝叶斯模型平均的水稻氮转化路径进行反演研究,构建了 12 个不同路径组合的氮转化模型,应用贝叶斯模型平均(Bayesian model averaging,BMA)方法,通过加权平均整合 12 个模型的模拟结果进行预测,找到了符合低温低湿条件下最为合理的模型结构并完成了较为全面的不确定性分析。

与国外相比较,目前,我国贝叶斯统计理论和方法的应用与发展尚属追赶世界先进水平的初始阶段。但近年来,有越来越多的国内学者注意到其重要性,也开展了一系列的研究工作。特别是最近十几年,在防洪决策方面,贝叶斯估计理论和方法也得到了广泛应用,在水文分析、洪水预测等方面取得了一些重要应用成果,为各级政府在防洪减灾工作中做到科学决策和精准施策提供了有益的参考。黄伟军、丁晶(1994)利用贝叶斯统计分析的基本原理和方法,研究了在水文水资源系统中考虑风险和不确定性的特点在径流预报、洪水分析与地区综合、水资源规划与管理等问题中的应用。张洪刚、郭生练(2004)构建贝叶斯概率洪水预报系统,考虑预见期内水文模型及参数和定量降水预报不确定性等水文不确定性,结合实证分析,实现了预报与决策过程的有机耦合,显著提高洪水预报精度。李向阳、程春田、林剑艺(2006)利用贝叶斯概率水文预报系统(BFS)框架,建立了流量先验分布及似然函数的 BP 神经网络模型,并使用 MCMC 方法求解得到流量后验分布及其统计参数。卫晓婧、熊立华等(2009)在 Blasone 研究工作的基础上,对蒙特卡罗传统 GLUE 方法的随机取样方法进行了改进。梁忠民、李彬权等(2009)应用贝叶斯理论探讨了流域水文模型参数及预报不确定性问题,通过蒙特卡罗途径确定 TOPMODEL 模型的敏感参数,采用 MCMC 抽样技术估计敏感参数的后验概率密度分布,并根据参数的抽样系列构造水文模型预报值的经验分布,据此对模型参数的不确定性及其对水文预报结果的影响进行评价,并以浙江密赛流域为例进行了应用研究,提供了模型参数及预报结果不确定性的定量分析结果。曹飞凤(2010)在研究模型结构适用性的基础上,针对复杂非线性流域水文模型参数优选问题的难解性,引入融合马尔可夫链蒙特卡罗方法的优化算法,系统开展了模型参数优选、参数不确定性及模型输出的不确定性等研究,在 DREAM 算法基础上引入多目标优化思想,综合考虑水量平衡、水文特征曲线、洪峰流量等水文过程的不同要素,提出了一种基于改进适应度分配策略和外部存档方案的多目标 DREAM 算法,并以岷江、嘉陵江及乌江流域为例,对 CMD-3PAR 模型进行了自动参数优选,融合 MCMC 方法的优化算法较好地处理复杂非线性流域水文模型参数优选问题。戴健男、李致家等(2011)以浙江东苕溪流域和息县流域为例,运用基于贝叶斯理论的 GLUE 方法对新安江模型参数不确定性进行分析评价,结果表明,两个流域都存在大量"等效性"参数,不同的参数组能模拟出相同的效果,验证了 GLUE 方法的重要观点。李明亮、杨大文、陈劲松(2011)使用贝叶斯概率水文预报方法构建水电站水库中长期径流预报模型,以概率分布的形式定量地描述水文预报的不确定度,探索概率水文预报理论及其应用价值。桑燕芳、沿伦宇等(2013)将自适应性马尔可夫链蒙特卡罗采样方法(AM-MCMC)应用到小波回归建模过程中,建立了一个水文时间序列概率预报新模型。杜新忠、李叙勇等(2014)选取 3 个集总式水文模型应用贝叶斯模型平均(BMA)进行流域月径流量的多模型模拟,采用期望最大化算法推求 BMA 分布参数以得到 BMA 均值模拟序列和 90% 不确定性区间。张冬冬(2015)以大渡河流域为例,分别从洪水频率分析和洪水预报两个角度入手,提出了针对各个阶段的洪水不确定性分析的技术框架,提出基于贝叶斯理论的洪水频率不确定性分析方法,构建了基于 Metropolis-Hastings 抽样的贝叶斯 MCMC 方法来评估洪水频率分析中参数及设计值的不确定性,研究结果表明,贝叶斯 MCMC 方法可以有效地估计洪水频率线型的参数,拟合效果略优于传统参数估计方法。胡义明、梁忠民等(2016)应用贝叶斯理论研究"等可靠度"法推求洪水设计值时,探讨了参数估计不确定性对洪水设计值的影响,在获得设计值的期望估计(点估计)的同时,还可通过置信区间估计来定量评估设计值的不确定性。冯娇娇、何斌等(2019)基于贝叶斯统计理论,采用多目标 GLUE 方法分析新安江模型中较敏感参数的不确定性,确定了其后验分布范围,在此基础上,以龙湾流域 12 场洪水为例,相同条件下分别在模型参数先验分布和后验分布范围内对参数进行优化率定,结果表明,取后验分布范围作为参数优选范围提高了参数率定效率,提升了模型预报整体性能和预报精度,可为缺资料地区参数识别和参数移植提供参考。总之,相关的研究成果逐年增多。

目前,变结构研究或变点统计分析也是贝叶斯统计学关注的发展较快的一个新课题。1954 年 Page 在研究自动生产线上产品质量检测问题时第一次提出变点问题。二十世纪八十年代,开始有学者将贝叶斯方法应用于变点统计分析中。问题是这样提出来的:对于一列独立变量 $X_1, \cdots, X_n$,存在 $\tau \in \{1, \cdots, n\}$ 使得前面的 $X_1, \cdots, X_\tau$ 服从分布 F_{θ_1},而后面的 $X_{\tau+1}, \cdots, X_n$ 服从另一分布 F_{θ_2},这里 θ_1, θ_2, τ 都未知,研究的目的是基于观测值 $x_1, \cdots, x_n$ 来找到变点 τ。很多研究的重点都集中在指数分布族等一些常见的分布上。黎协锐(2007)给出了一个概率变点问题的具体先验分布和后验分布,并对变点的存在性作出方法阐述。黎协锐、许成章等(2009)研究了洪水水位的概率变点问题,给出了一个确定的概率变点存在的判断方法。高晓光、陈海洋、史建国(2011)在深入分析变结构动态贝叶斯网络机制及其特征的基础上,提出了变结构离散动态贝叶斯网络的快速推理算法。向莹(2011)通过建立时间序列模型,采用参数的共轭先验分布,利用贝叶斯方法估计时间序列中的变点,应用线性回归及先验信息得到与分布相关的参数值,通过计算化简得后验分布及变点位置,并使用多项式模型和 ARMA 模型来检验算法的有效性,并运用该方法分析上海黄金期货市场黄金 Au995 日收盘指数。李翀(2014)提出了一个简单的均匀分布变点模型,借此给出所研究问题的基本形式和求出变点的估计,在求解模型的过程中,介绍了几种先验分布的选取方法,包括连续均匀无信息先验、离散均匀无信息先验、广义先验、Jeffreys 无信息先验和共轭先验,同时介绍了先验分布超参数的三种估计方法,进而求出变点后验分布的密度函数,并据此对变点的位置作出估计。在时间序列和面板数据分析中,监测和检验模型参数是否存在变点对准确建立模型和正确分析数据有重要意义,李佛晓(2015)通过研究 RCA(p)模型、GARCH(p,q)模型,Logistic 回归模型和面板数据模型参数变点监测与检验问题,将 RCA(1)模型的参数变点监测推广到 RCA(p)模型,将二元 Logistic 回归模型的参数变点检验和监测推广到多元 Logistic 回归模型和累积 Logistic 回归模型,通过数值模拟验证了方法的有效性,对 GARCH(p,q)模型误差项平方进行变点监测,提出 Kolmogorov-Smirnov 型和经验特征函数型统计量,利用 Bootstrap 方法模拟经验特征函数型统计量的临界值,证明了 Bootstrap 方法的收敛性,数值模拟验证了方法的有效性。李忱颖(2017)探讨了非线性时间序列模型变点检测问题,并采用了两种在线检验方法。首先,利用估计函数和 CUSUM 方法原理构造得分函数进行时间序列变点检测。此方法适用于多种模型,对于非线性模型,给出了具体的表达式和检测统计量,并进行了分析;其次,利用最小二乘法进行参数估计并对时间序列变点进行检测,将线性模型推广到非线性模型。通过渐进分布,给出了第一类错误率和备择假设下的功效,并探讨了检测点的分布。

在防洪应用研究中,变点统计分析是针对洪水水文数据时间序列研究某流域洪水水位(主要是年最高水位)或流量发生突变的时间点问题的重要方向。了解洪水的变点,例如洪水由 100 年一遇变为 50 年一遇的时间点,对于各级政府采取相应的防洪治理措施非常关键。因此,这是一个极其重要的问题。

(二)对现有研究动态的评析

通过对国内外贝叶斯统计方法及防洪治理应用相关研究的学术梳理,可总结得到三个方面的相关研究动态:

1. 在先验分布构造研究方面

目前,先验分布的选择或构造还没有统一的方法,特别是在水文研究方面,还没有专门学者对水文相关分布参数先验分布的选择提出过什么规则性的方法,这也为我们根据不同问题确定合适的先验分布提供了空间。总之,先验分布的确定在目前情况下真可谓各施各法,只要符合概率的公理化原则都可以根据所研究问题的具体情况来进行适当选择或构造。

2. 在后验分布推断技术研究方面

根据贝叶斯方法一般只能得到后验分布的核,而不是具体的密度函数。目前,MCMC 方法是处理这类复杂统计问题常用的工具,应用最为广泛的 MCMC 方法主要有两种:Gibbs 抽样方法和 Metroplis-Hastings 方法。另外,MCMC 方法收敛性的研究一直也是一个重要课题,在这里,概率论极限理论方法将会发挥作用。

3. 关于贝叶斯统计方法的应用研究

随着贝叶斯统计方法的不断完善以及相应计算软件的成功研制,贝叶斯统计推断理论几乎可以作为每一个学科的研究工具之一,与任何一个学科问题相结合就可形成"贝叶斯+"技术。

综合起来看,贝叶斯统计理论在防洪治理问题中已有研究成果不够全面、深入和有效,实际部门的应用成果不多,也还没有比较成熟的能在实际部门中应用的贝叶斯洪水分析或洪水统计分析应用软件。而真正由有数学、统计、数据挖掘、计算机背景的研究人员与水文工作者相结合进行水文协同创新研究的情况在国内也不多,这是我们开展这方面研究的一个优势所在。

三、经典统计学派和贝叶斯统计学派争论的焦点问题

统计学最关键的问题是随机变量分布 $f(x,\theta)$(离散型是分布律,连续型是概率密度函数,$\theta=(\theta_1,\theta_2,\cdots,\theta_k)$ 为分布的参数向量)的确定,一切统计问题都要基于分布来展开。而分布最核心的一个问题是参数 θ,参数 θ 确定了,具体的分布才能确定,基于参数和分布的各种统计问题包括估计、推断和假设检验问题也就迎刃而解。

(一)经典统计学派和贝叶斯统计学派争论的首要问题

经典统计坚持概率的频率解释,认为概率是频率的稳定值,事件 A 的频率依概率收敛于事件 A 的概率,亦即大数定律所描述的:

$$f(A) \xrightarrow{p} P(A)$$

频率是基于大量重复试验事件 A 发生的一种比率,是由观测到的事实决定的,所以是客观的。

经典统计学依据两类信息进行推断:

(1)模型信息,即统计变量的分布信息 $f(x,\theta)$;

(2)样本信息,即观察或试验的结果。

分布的参数 θ 是无随机性的未知数。

经典统计学的任务可概括为三个问题:

(1)选定模型,也就是统计变量的分布 $f(x,\theta)$ 的确定;

(2)确定统计量;

(3)决定统计量的抽样分布。

信息包含在样本中,但样本为数众多,可用几个统计量把这些信息集中起来。一个参数的统计量可能很多,需对统计量的好坏依据若干准则进行一系列的评估,如无偏性、有效性、一致性(相合性)等,尽可能找到最优方法。而统计量的抽样分布则决定了它的全部性质。目前,经典统计学派基本上都是按照这种思路来处理统计推断问题的。

贝叶斯学派则认为概率是认识主体对事件发生可能性大小的一种相信程度。这种认识来源于何处可能无从说起,因此称为主观概率。在实际问题的处理当中,每个人的主观认识可能不同,因此主观概率就不相同,具有一种"随意"性,这是经典统计学派对贝叶斯学派批评得最多的一点。其实,虽然经典统计关于概率的频率定义好像更客观,但频率定义中要求在一定条件下的重复也存在争议,我们不可能做到每次试验的条件能完全一样,所以,如果这样

说,频率学派关于概率的定义也有问题。

贝叶斯学派认为,分布的参数 θ 也是随机的,也有分布,统计开始前对参数 θ 的了解信息称为先验信息。贝叶斯学派除了总体模型信息和样本信息外,还要利用总体分布中未知参数的先验信息。

(二)贝叶斯推断的一般模式

贝叶斯推断的一般模式可以表述为(见图 3—2—1):

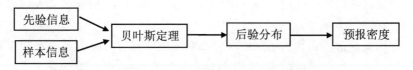

图 3—2—1　贝叶斯推断的一般模式

这当中,贝叶斯定理起到关键的信息融合作用,后验分布是总体信息、先验信息和样本信息三种信息的综合,可以说,贝叶斯统计利用了所有可能使用的信息。参数 θ 的先验分布反映了试验前对总体参数分布的认识。在获得样本信息后,我们对这个认识有了改变,其结果反映在后验分布中,即后验分布通过贝叶斯定理综合了参数先验分布和样本信息,相当于基于样本信息(最新鲜的信息)对参数进行了一次修正。这里的先验与后验是相对的,已经得到的后验分布对下一次统计推断来说是先验分布,如果我们又有了关于参数新的样本信息就可以再一次利用贝叶斯公式对参数进行修正,依次类推,循环往复。理论上说,这样得到的参数分布就越来越接近客观实际。这正是我们哲学上讲的"实践—认识—再实践—再认识"认识论的普遍规律。所以说一定程度上,贝叶斯统计的思想更符合我们对事物认识的思维过程。

概率密度形式的贝叶斯推断模式可以表述为(见图 3—2—2):

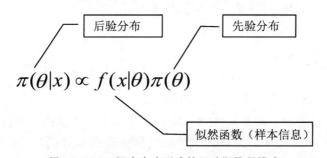

图 3—2—2　概率密度形式的贝叶斯推断模式

其中,$x=(x_1,x_2,\cdots,x_n)$ 为样本,$\theta=(\theta_1,\theta_2,\cdots,\theta_k)$ 为参数向量,n 为样本容量。作为贝叶斯统计理论的防洪应用研究,特别是洪水频率分析问题,我们关注

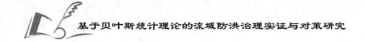

比较多的就是这种连续型的统计模型。例如,对中国大部分河流或流域的洪水系列来说都可以用皮尔逊－Ⅲ型分布曲线来拟合,其概率密度函数为

$$f(x) = \frac{\beta^a}{\Gamma(\alpha)}(x-a_0)^{a-1}e^{-\beta(x-a_0)}, \quad x \geqslant a_0, \alpha > 0, \beta > 0 \quad (3-2-1)$$

其中,$\Gamma(\cdot)$ 为 Gamma 函数,$\theta = (a_0, \alpha, \beta)$,三个参数 a_0, α, β 分别为分布的位置、形状和尺度参数。

利用这种推断模式得到的一般只是后验分布的核,左右两个表达式只相差一个常数因子 k。

利用概率密度函数的正则性即可确定参数的具体后验密度。常数 k 通过正则化积分方程求得(这里只介绍 θ 为单参数的算法,多参数涉及高维的积分计算,情况就相当复杂了)。

$$\pi(\theta|x) = kf(x|\theta)\pi(\theta)$$

$$\int_\Theta \pi(\theta|x)d\theta = \int_\Theta kf(x|\theta)\pi(\theta)d\theta = 1$$

$$k = \frac{1}{\int_\Theta f(x|\theta)\pi(\theta)d\theta}$$

$$\pi(\theta|x) = \frac{f(x|\theta)\pi(\theta)}{\int_\Theta f(x|\theta)\pi(\theta)d\theta} \quad (3-2-2)$$

从而可得参数 θ 在二次损失函数下的贝叶斯估计为

$$\hat{\theta} = \frac{\int_\Theta \theta f(x|\theta)\pi(\theta)d\theta}{\int_\Theta f(x|\theta)\pi(\theta)d\theta} \quad (3-2-3)$$

基于参数 θ 的函数 $g(\theta)$ 的贝叶斯估计为

$$g(\hat{\theta}) = \frac{\int_\Theta g(\theta)f(x|\theta)\pi(\theta)d\theta}{\int_\Theta f(x|\theta)\pi(\theta)d\theta} \quad (3-2-4)$$

而参数的区间估计或假设检验问题也可以求得。

知道了后验密度即可对参数和随机变量作出所需要的相关统计推断,结论是直接从后验分布中提取。如对参数作贝叶斯估计,包括最大后验估计 θ_{MD}、后验期望值估计 $\hat{\theta}_E$ 和后验中位数估计 $\hat{\theta}_{Me}$。而不是像经典统计那样,需要构造统计量,并对统计量进行评估,确定统计量的抽样分布,然后才能进行相关的统计推断。所以说,从统计的思维方式来看,贝叶斯统计推断与经典统计相比更直截了当,方法简单明了。

后验分布 $\pi(\theta|x)=\hat{\theta}(x)$ 求出来后,其中的样本数据 x 我们是看不到的,它已经融入了后验当中,看到的其实也是 $\pi(\theta)$ 的形式,可以看作是未来的先验分布。基于后验分布的贝斯统计推断实际上只利用了已经出现的样本数据,而未出现的数据与推断无关,这与经典统计是一个很大的区别。而从经典统计的理论来看,统计是与出现或未出现的数据都相关的,因为,经典统计学的无偏估计应满足:

$$E[\hat{\theta}(x)]=\int_x \hat{\theta}(x)P(x|\theta)dx=\theta$$

其中,平均(期望)是对样本空间中所有可能出现的样本而求的,可实际中样本空间中绝大多数样本尚未出现过,而多数从未出现的样本也要参与平均是实际工作者难以理解的。

第三节　贝叶斯统计理论需要解决的基本问题

从贝叶斯统计理论的数学结构和内涵可以看出,贝叶斯统计需要解决两个关键问题,一是先验分布的确定,二是后验分布的计算问题。

一、先验分布的确定

先验分布大体上可以分为无信息先验分布和共轭先验分布两大类。

（一）无信息先验分布

如果对参数的情况无所了解,无法确认一个假设或一些事件的发生比另一些可能性更大时,假定它们是等可能的,可以认为在其分布范围内服从均匀分布,这种思想应该是合理的,除非对参数的取值有其他可能性更大的认识。其实,大多数所谓无信息先验分布实际上很可能包含一些或很多信息,例如,最常用的无信息先验分布为局部均匀分布,也就是在参数 θ 的空间 Θ 上的均匀分布。

$$\pi(\theta)=\begin{cases}C, & \theta \in \Theta \\ 0, & \theta \notin \Theta\end{cases} \qquad (3-3-1)$$

这种选取先验分布的方法称为贝叶斯假设。当 θ 的取值范围为无限区间时,就无法在 Θ 上定义一个正常的均匀分布,但如果由此决定的后验密度 $\pi(\theta|x)$ 是正常的密度函数,则称 $\pi(\theta)$ 为 θ 的广义先验密度。

Jeffreys(1961)提出一种选择先验分布的方法[43],主要是针对尺度参数和位置参数的,其实,分布函数中最多的就是这两类参数,所以解决了我们在实际中大部分的选择问题。设 $L(\theta)$ 为似然函数,$I(\theta)$ 为 Fisher 信息阵,Jeff-

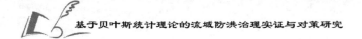

reys 先验分布

$$\pi(\theta) \propto \sqrt{|I(\theta)|} = \left\{ E\left[\frac{\partial L(\theta)}{\partial \theta}\right]^2 \right\}^{\frac{1}{2}} \qquad (3-3-2)$$

Kass(1990)指出,Jeffreys 先验分布能近似地保持其后验分布形状不变。表 3-3-1 是一些常见分布的先验分布 Jeffreys 选择,已经包括了在实际问题中的很多常见情况。

表 3-3-1　一些常见分布的先验分布 Jeffreys 选择

总体分布密度	样本空间	参数空间	先验密度
$\dfrac{1}{\sqrt{2\pi}}e^{-\frac{(x-\theta)^2}{2}}$	$x \in (-\infty,\infty)$	$\theta \in (-\infty,\infty)$	$\pi(\theta)=1$
$\dfrac{1}{\sqrt{2\pi}\theta}e^{-\frac{x^2}{2\theta^2}}$	$x \in (-\infty,\infty)$	$\theta \in (0,\infty)$	$\pi(\theta)=\dfrac{1}{\theta}$
$\dfrac{1}{\sqrt{2\pi}\theta_1}e^{-\frac{(x-\theta_1)^2}{2\theta_2^2}}$	$x \in (-\infty,\infty)$	$\theta_1 \in (-\infty,\infty)$ $\theta_2 \in (0,\infty)$	$\pi(\theta_1)=1$ $\pi(\theta_2)=\dfrac{1}{\theta_2^2}$
$\dfrac{1}{\sqrt{|\theta|(2\pi)^n}}xe^{\frac{x^T\theta}{2}}$	$x \in R^n$	θ 为正定 $n \times n$ 方阵	$\pi(\theta)=\dfrac{1}{|\theta|}$
$\dfrac{1}{\Gamma(\theta)}x^{\theta-1}e^{-x}$	$x \in (0,\infty)$	$\theta \in (0,\infty)$	$\left[\dfrac{d^2}{d\theta^2}\lg\Gamma(\theta)\right]^{\frac{1}{2}}$
$\dfrac{\theta^x}{x!}e^{\theta}$	$x = 0,1,2,\cdots$	$\theta \in (0,\infty)$	$\pi(\theta)=\dfrac{1}{\sqrt{\theta}}$
$C_n^x\theta^x(1-\theta)^{n-x}$	$x = 0,1,\cdots,n$	$\theta \in (0,1)$	$\pi(\theta)=\dfrac{1}{\sqrt{\theta(1-\theta)}}$
$C_{x-1}^{r-1}\theta^r(1-\theta)^{x-r}$	$x = 0,1,2,\cdots;x \geqslant r$	$\theta \in (0,1)$	$\pi(\theta)=\dfrac{1}{\theta\sqrt{1-\theta}}$

Jeffreys 先验分布特别适合单参数的情况,对于多参数分布,在实际中有时只对其中的一个参数感兴趣,可把其他的看作是多余参数。对于这种问题的处理,Bernardo(1979)引进了参照先验分布的方法。Welch 和 Peers(1963)首先提出概率匹配先验分布的方法,Stein(1985)和 Tibshirani(1989)进行了推广完善。这三种先验分布的构造方法各有优缺点,在实际处理中根据参数类型的特征灵活选用。

（二）共轭先验分布

共轭先验分布是贝叶斯理论中的另一类重要的先验分布。设 θ 是总体分布中的参数（或参数向量），$\pi(\theta)$ 是 θ 的先验密度函数，假如由抽样信息算得的后验密度函数与 $\pi(\theta)$ 有相同的形式，则称 $\pi(\theta)$ 是 θ 的（自然）共轭先验分布。

构造共轭先验分布的方法是：先写出样本的自然函数 $L(\theta)=f(x\,|\,\theta)$，然后分解出似然函数中含参数 θ 的核心因式，再选一个具有这个核心因式的分布作为先验分布。这样做就可以确保利用贝叶斯定理把似然函数与先验分布相乘时得到的后验分布与先验分布具有相同的形式。

$$\pi(\theta\,|\,x)\propto f(x\,|\,\theta)\pi(\theta) \tag{3-3-3}$$

这种先验分布构造方法的主要特征之一是对抽样的封闭性，样本对先验分布的修正使得后验分布还是在相同的分布族中。共轭先验分布的优点是计算简便，后验分布的参数可以有很合理直观的解释，难点是怎么选择与自然核相同的先验分布，需要了解掌握比较丰富的分布密度类型。对指数分布族中参数的先验分布，共轭先验是比较成熟的先验构造方法，表 3-3-2 是几个常用的指数分布族参数的共轭先验分布。

表 3-3-2　几个常用的指数分布族参数的共轭先验分布

总体分布	参数	共轭先分验布	后验分布的期望
正态分布 $N(\theta,\sigma^2)$	均值 θ	正态分布 $N(\mu,\tau^2)$	$\dfrac{\tau^2 x+\mu\sigma^2}{\tau^2+\sigma^2}$
正态分布 $N(\mu,\sigma^2)$	方差 σ	倒 Γ 分布 Iga(a,b)	
二项分布 $b(n,p)$	成功概率 p	β 分布 $\beta(a,b)$	$\dfrac{a+x}{a+b+x+n}$
负二项分布 $\mathrm{Neg}(n,\theta)$	参数 θ	β 分布 $\beta(a,b)$	$\dfrac{a+n}{a+b+x+n}$
Poisson 分布 $P(\theta)$	均值 θ	Γ 分布 Ga(a,b)	$\dfrac{a+x}{b+1}$
多项分布 $M_k(n;\theta_1,\theta_2,\cdots,\theta_k)$	θ_i	Dirichlet 分布 $D(\alpha_1,\alpha_2,\cdots,\alpha_k)$	$\dfrac{\alpha_i+x_i}{\alpha_i+\cdots+\alpha_k+n}$
指数分布 Exp(θ)	均值的倒数 $\dfrac{1}{\lambda}$	Γ 分布 Ga(a,b)	
Gamma 分布 Ga(v,θ)	参数 θ	Gamma 分布 Ga(α,β)	$\dfrac{\alpha+v}{\beta+x}$

可以证明，对于概率密度函数为 $f(x\,|\,\theta)=h(x)e^{\theta x-\psi(\theta)}$ 的指数族分布，参

数 θ 的共轭先验分布族形式为

$$\pi(\theta|\mu,\lambda)=K(\mu,\lambda)e^{\theta\mu-\lambda\Psi(\theta)}$$

后验分布形式为

$$\pi(\theta|\mu+x,\lambda+1)$$

到目前为止,还没有统一的先验分布的构造方法,在实际当中只能根据所研究参数的特征按照一定的原则做出相应的选择。

(三)由先验信息确定先验分布

利用已有经验和过去的历史资料确定 θ 的先验分布。

1. 总体参数 θ 为离散型

这时 θ 的分布律如表 3—3—3 所示。

表 3—3—3　参数 θ 的分布律

θ	k_1	k_2	$\cdots$	k_n	$\cdots$
P	p_1	p_2	$\cdots$	p_n	$\cdots$

概率 $p_i(i=1,2,\cdots)$ 可由古典方法、频率方法或根据经验给出个人的主观概率。要注意给出的主观概率必须满足概率的三条公理:非负性、正则性、可列可加性公理,如果发现所确定的主观概率与上述三个公理及其推出的性质相悖,必须立即修正,直到两者一致为止。

2. 总体参数 θ 为连续型

直方图法[44]如下:

(1)把参数空间分成一些小区间;

(2)在每个小区间上决定主观概率或依据历史数据确定其频率;

(3)绘制频率直方图;

(4)在直方图上作一条光滑曲线,此曲线即为先验分布,如图 3—3—1 所示。

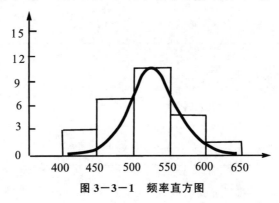

图 3—3—1　频率直方图

3. 选定先验密度函数形式再估计其超参数

该方法的要点：

(1)根据先验信息选定 θ 的先验密度函数 $\pi(\theta)$ 的形式,如选其共轭先验分布;

(2)当先验分布中含有未知参数(称为超参数)时,譬如 $\pi(\theta) = \pi(\theta;\alpha,\beta)$ 给出超参数 α,β 的估计 $\hat{\alpha},\hat{\beta}$,使 $\pi(\theta;\hat{\alpha},\hat{\beta})$ 最接近先验信息。

如果有两个甚至多个先验分布都满足给定的先验信息,则要看情况选择：假如这两个先验分布差异不大,对后验分布影响也不大,则可任选一个;如果我们面临着两个差异极大的先验分布可供选择时,一定要根据实际情况慎重选择。

4. 定分度法与变分度法

(1)定分度法：把参数可能取值的区间逐次分为长度相等的小区间,每次在每个小区间上请专家给出主观概率。

(2)变分度法：该法是把参数可能取值的区间逐次分为机会相等的两个小区间,这里的分点由专家确定。

二、基于后验分布的统计推断

对于一般参数先验分布而言,其后验分布都相当复杂。因为,由贝叶斯定理 $\pi(\theta|x) \propto f(x|\theta)\pi(\theta)$ 得到的只是后验分布的核,两边只相差一个常数因子。如果从后验核 $f(x|\theta)\pi(\theta)$ 中可以看出其与某常用分布的核相同时,不用计算就可得到所缺的常数因子,从而得到后验密度。更多的情况需要根据概率密度正则性,利用适当的计算方法才能求出具体的后验密度。在参数的维数不大时可采用数值积分或正态近似的方法求得。如果维数较大,涉及高维的积分计算等问题,这些方法就很难实现。但随着计算机技术的迅猛发展,计算软件的不断成功开发,统计计算理论和方法的快速发展,以及高效快速抽样方法的出现,以往在贝叶斯统计计算中经常碰到的计算障碍已经逐步得到较好解决。目前,比较成熟的是 MCMC 方法,这是一种基于大数定律的可以无限接近真值的有效近似方法。

设 $g(\theta)$ 是一个关于参数 θ 的函数(如果 $g(\theta) = \theta$ 就是 θ 本身),其基于后验分布 $\pi(\theta|x)$ 的贝叶斯估计($g(\theta)$ 的后验均值)为

$$g(\hat{\theta}) = E[g(\theta)|x] = \int_{\Theta} g(\theta)\pi(\theta|x)d\theta$$

假设 $\theta_1,\theta_2,\cdots,\theta_m$ 为来自后验分布 $\pi(\theta|x)$ 的容量为 m 的独立样本, $g(\theta)$ 的平均可近似表示为

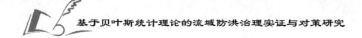

$$\bar{g} = \frac{1}{m}\sum_{i=1}^{m}g(\theta_i)$$

由大数定律

$$\bar{g} \xrightarrow{p} E\big[g(\theta)\,|\,x\big]$$

因此，当样本容量 m 充分大时，

$$g(\hat{\theta}) = E\big[g(\theta)\,|\,x\big] = \int_{\Theta}g(\theta)\pi(\theta\,|\,x)d\theta \approx \bar{g} = \frac{1}{m}\sum_{i=1}^{m}g(\theta_i)$$

$$(3-3-4)$$

直观来讲就是用平均值来估计高维的积分运算，理论上讲，只要 m 足够大就可以达到所需的任何精度的要求。这种方法就是所谓的蒙特卡罗（Monte Carlo）估计。

然而，要从后验分布 $\pi(\theta\,|\,x)$ 中抽取独立样本是非常困难的。研究表明，解决这个问题的一个有效方法是从后验分布中抽取一条非独立的，但具有与独立样本一样作用的链 $\{\theta_0,\theta_1,\theta_2,\cdots\}$ 代替独立样本。这条链只要满足马氏性、不可约性、非周期性、遍历性就可具有与独立样本一样的计算效用，这样一条链称为马尔可夫链（Markov Chain）。把蒙特卡罗方法与马氏链方法结合起来的计算方法简称 MCMC 方法，这是目前比较常用的后验计算方法。

三、贝叶斯统计及应用的现状与发展前景

贝叶斯统计理论自二十世纪五十年代开始得到重视并快速发展，二十世纪六七十年代作为一种新的统计方法达到鼎盛时期，形成了与经典统计各成一派的统计学两大主流学派，特别是在最近一二十年，其理论和方法又有了新的发展，应用的领域更加广泛。其中，有三个方面是值得一提的：

（一）产生了两种新的无信息先验分布——参照先验和概率匹配先验

这进一步丰富了贝叶斯统计的内容，促进了多参数贝叶斯统计推断的研究工作，甚至，这两种无信息先验分布已经成为无信息先验分布研究的主流，并使贝叶斯统计与经典统计逐步实现交叉融合发展。

无信息先验分布应该满足下面几条性质：(1)不变性；(2)相合的边缘化；(3)相合的抽样性质；(4)普遍性；(5)容许性。贝叶斯假设选取的参数先验分布 $\pi(\theta)$ 在 θ 的取值范围内是均匀分布，可以表达为

$$\pi(\theta) \propto 1, \quad \theta \in \Theta$$

Θ 为参数 θ 的取值范围。而均匀分布在进行参数变换时往往不满足不变性要求，也就是变换后的分布不再是均匀分布。例如，标准差 σ 是均匀分布，但 σ^2 就不再是均匀分布。但根据贝叶斯假设的要求，θ 的变换函数 $h(\theta)$ 也应服从

均匀分布。

Jeffreys(1961)提出了解决这一矛盾的无信息先验分布方法:设 $L(\theta)$ 为似然函数,$I(\theta)$ 为 Fisher 信息阵,Jeffreys 认为参数先验分布 $\pi(\theta)$ 与 $\sqrt{I(\theta)}$ 成比例,即

$$\pi(\theta) \propto \sqrt{I(\theta)} = \sqrt{E\left[-\frac{\partial^2 L(\theta)}{\partial \theta^2}\right]}$$

可以证明 Jeffreys 先验分布在单调(一对一)的参数变换中是保持不变的。如果 $\eta = h(\theta)$ 是单调的参数变换,则 $\eta = h(\theta)$ 的 Jeffreys 先验分布为

$$\pi[h^{-1}(\eta)] \cdot \left|\frac{dh^{-1}(\eta)}{d\eta}\right|$$

Kass(1990)证明了 Jeffreys 先验分布能较好保持参数后验分布的形状不变,对单参数分布来说,Jeffreys 先验分布很有用,对多参数分布就有问题了。但在很多实际问题中,往往只关注其中的一个参数,把其他的参数看作是冗余参数。这种情况的参数先验分布的构造,Bernardo(1979,1994)、Sun(1998)等提出了参照先验分布的方法。Stein(1985)、Tibshirani(1989)提出概率匹配先验分布的方法。

概率匹配先验分布的基本思想是:当样本容量趋于无穷大时,贝叶斯概率就会与相应的频率概率相匹配。用数学表达为:设总体分布密度为 $f(x|\theta,\omega)$,θ 为所关注的参数,ω 为冗余参数,如果参数的先验分布 $\pi(\theta,\omega)$ 有

$$P(\theta > \theta_{1-\alpha}^{\pi}(x_1,x_2,\cdots,x_n|\omega)) = \alpha + o(n^{-\frac{1}{2}}) \qquad (3-3-5)$$

则称其满足一阶概率匹配准则。其中,$x_1,x_2,\cdots,x_n$ 为样本,$\theta_{1-\alpha}^{\pi}(x_1,x_2,\cdots,x_n)$ 为先验分布 $\pi(\theta,\omega)$ 下参数后验分布的 α 分位点。满足上式的一阶概率匹配先验分布微分方程的解很多,不方便选择。Mukerjeet(1993)等把上式中的 $o(n^{-\frac{1}{2}})$ 换成 $o(n^{-1})$,得到的解称为二阶概率匹配先验分布,这个解往往是唯一的。

无信息先验分布构造的方法还包括蒙特卡罗法、Bootstrap 法、相对似然函数法、Harr 不变测度法、最大熵原则、随机加权法、积累函数法等。

(二)贝叶斯统计相关计算问题和计算软件的研发得到快速发展

在二十一世纪前,有学者提出了各种数值和解析逼近的方法,如 Naylor-Smith 逼近法、Tierney-Kadane 逼近法、Lindley 数值逼近法等,这虽然在理论上解决了参数后验分布密度和后验分布各阶矩的计算问题,但这些方法的实现需要各种复杂的数值和解析逼近技术以及相应计算软件的支撑。随着现代计算机的高速发展,贝叶斯统计的研究不再只停滞于理论阶段,MCMC 方法的应用解决了后验分布复杂高维计算的瓶颈问题,使得贝叶斯统计在理论和

方法上均取得了快速发展。特别是基于贝叶斯统计理论的 BUGS 软件、Win BUGS 软件和 Open BUGS 软件的成功开发,为贝叶斯统计分析方法的实际应用提供了强有力手段。

(三)贝叶斯统计方法得以广泛应用

贝叶斯统计目前在理论上还没有重大的突破,更值得一提的是其在实际问题中广泛的应用,几乎在所有领域都可以看到贝叶斯统计方法的应用场景,下面主要就与防洪问题相关的几个问题展开说明。

1. 探测概率变点的贝叶斯方法

变点模型:对于一个分布族 $F_\theta, \theta \in \Theta, \Theta$ 为参数空间,设有一列独立随机变量 $X_1, X_2, \cdots, X_n$,如果存在 $\tau \in \{1, 2, \cdots, n\}$ 使得 $X_i \sim F_{\theta_1}, i \in \{1, 2, \cdots, \tau\}$,而 $X_j \sim F_{\theta_2}, j \in \{\tau+1, \tau+2, \cdots, n\}$,其中 θ_1, θ_2, τ 均未知。研究的目的是基于样本观测值 $x_1, x_2, \cdots, x_n$,确定 τ 的存在性,并找到 τ。比如,研究洪水的概率变点问题,以厘清洪水的变化规律,为防洪减灾决策提供依据。

2. 贝叶斯方法在防洪中的应用

在洪水成灾研究方面,假定洪水流量 Q 超过某值 q_0 时就会造成灾害,按照 Delft Hydraulics(1994)频率派结果,对于 $Q > q_0$ 和 $\phi, \theta > 0$ 有:

$$P(Q > q \mid \phi, \theta) = P(Q > q_0 \mid \phi) P(Q > q \mid Q > q_0, \theta) = \phi \exp\{-(q - q_0)/\theta\}$$

为了确定事件 $Q > q_0$ 的概率,以西江流域梧州水文站为例,需要知道西江流域及梧州市水文年的(潜在的)无穷序列中水灾出现的频率。假定洪水出现的次序是无关的,令 $V_i = 1$ 表示在第 i 年出现水灾,否则为 0,用 $V_1, V_2, \cdots, V_n$ 表示那些 V_i 的观测值,按照 Finnetti 再表示定理,存在唯一的概率分布 P 使得 $V_1, \cdots, V_n$ 的联合分布为混合的条件独立的 Bernoulli 实验:

$$P(V_1, V_2, \cdots, V_n) = \int_0^1 \prod_{i=1}^n \phi^{v_i}(1 - \phi^{1-v_i}) dP(\phi) = \int_0^1 \prod_{i=1}^n l(v_i \mid \phi) dP(\phi)$$

$$(3-3-6)$$

这里 $l(v_i \mid \phi)$ 为似然函数,随机变量 ϕ 可以解释为 $Q > q_0$ 的相对频率极限:

$$\lim_{n \to \infty} \sum_{i=1}^n V_i/n$$

而概率 P 代表对 ϕ 的相信。只要确定了 ϕ 的先验分布 P,根据贝叶斯定理就能得到后验分布。通过收集西江流域和西江流域控制性水文站梧州站历年的洪水水文资料数据,确定分布中的先验分布的参数,从而得到所需要的分析结果。所以选择合理的 ϕ 的先验分布 P 是问题的关键。

3. 水文事件频率的估计

水文事件往往具有一定的不确定性,特别是对于长期的水文现象问题,如分析某一地区 50 年或 100 年期间洪水的变化过程,这时影响的因素很多,如下垫面条件、温度场、湿度场、人类活动、气候变化等,各种因素错综复杂,这种情况需要采用统计模型进行描述。水文频率是指水文特征值出现大于(或小于)等于某指定值的概率。在水文学中,水文频率分析(或称重现期分析)就是根据实测水文数据和历史调查数据,分析估算水文特征值 x(如年最高水位、年最大流量、年降水量、年径流量等)大于(或小于)或等于某个值的概率与该值关系的技术工作,亦即估计特征值 x 与周期 T 的关系问题。洪水的频率分析或重现期分析问题是应用水文学的中心问题之一。

在洪水频率分析计算中,我国大多数河流的洪水系列基本上都可以用皮尔逊－Ⅲ型分布来进行统计描述。皮尔逊－Ⅲ型曲线在数学上称为三参数 Gamma 分布(Γ 分布),分布密度为

$$f(x) = \frac{\beta^{\alpha}}{\Gamma(\alpha)}(x - a_0)^{\alpha-1}e^{-\beta(x-a_0)}, \quad x \geqslant a_0, \alpha > 0, \beta > 0$$

$$(3-3-7)$$

其中,$\Gamma(\alpha)$ 为 Gamma 函数,a_0, α, β 分别为位置、形状和尺度参数。位置参数 a_0 的先验分布可以选用共轭先验,形状参数 α 和尺度参数 β 可以选用无信息先验分布,后验估计用 MCMC 方法求得。最后用贝叶斯期望估计作为这三个参数的点估计,有关计算过程按前文介绍的方法进行。

皮尔逊－Ⅲ型分布三个参数与总体三个特征数 E_x, C_v, C_s(期望值、变差系数、偏态系数)的关系如下:

$$a_0 = E_x\left(1 - \frac{2C_v}{C_s}\right), \quad \alpha = \frac{4}{C_s^2}, \quad \beta = \frac{2}{E_x C_v C_s}$$

皮尔逊－Ⅲ型分布曲线如图 3-3-2 所示。

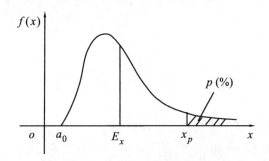

图 3-3-2　皮尔逊－Ⅲ型分布曲线

在水文频率分析中,给定一个需要推求的水文特征值取 x_p 的频率 $p\%$,重现期为 $T = 1/p$(以年计),如某洪水(洪峰或洪量 x_p)的频率为 $P = 1\% =$

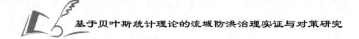

0.01,则 $T=1/0.01=100$,即洪水的重现期为百年一遇。

指定 P 求 x_p 可以根据下式求得

$$P=P(x \geqslant x_p)=\int_{x_p}^{\infty} f(x)dx=\frac{\beta^{\alpha}}{\Gamma(\alpha)}\int_{x_p}^{\infty}(x-a_0)^{\alpha-1}e^{-\beta(x-a_0)}dx$$

为简化计算,一般先对皮尔逊－Ⅲ型分布密度 $f(x)$ 做标准化变换,得到标准化的皮尔逊－Ⅲ型变量

$$\Phi=\frac{x-E_x}{\sigma}$$

由总体的变异系数 $C_v=\frac{\sigma}{E_x}$, 得 $\sigma=E_xC_v$,从而

$$\Phi=\frac{x-E_x}{E_xC_v}$$

称 Φ 为离均系数。

$$P=P(x \geqslant x_p)$$
$$=P\left(\frac{x-E_x}{E_xC_v} \geqslant \frac{x_p-E_x}{E_xC_v}\right)$$
$$=P(\Phi \geqslant \Phi_p)$$
$$=\int_{\Phi_p}^{\infty} g(\Phi,\alpha)d\Phi$$
$$=\frac{\alpha^{\alpha/2}}{\Gamma(\alpha)}\int_{\Phi_p}^{\infty}(\Phi+\sqrt{\alpha})^{\alpha-1}e^{-\sqrt{\alpha}(\Phi-\sqrt{\alpha})}d\Phi \qquad (3-3-8)$$

上式只与参数 α 或 $C_s\left(\alpha=\frac{4}{C_s^2}\right)$ 有关,在水文实际应用中已将 P, C_s, Φ 的关系制成水文 Φ 值表,根据给定的频率 P 和估计的 C_s 可以查表求出 Φ 值（记 Φ_p ）。

由关系

$$\Phi=\frac{x-E_x}{E_xC_v}$$

可求得相应的 x_p ,即

$$x_p=E_x(1+C_v\Phi_p)$$

x_p 是在进行水文频率分析中非常关注的一个特征值,如五十年一遇（相当于 $P=0.02$ ）或百年一遇（相当于 $P=0.01$ ）的洪峰水位或洪峰流量 x_p 。这是在进行水利工程规划建设、防洪工程设计、国家基础设施建设中必须充分考虑的关键值,是事关国计民生的重大关切。这也是本书的主要关注点之一,后文将利用相关方法结合贝叶斯统计理论进行西江流域洪水频率分析。

本章小结

　　本章首先对水文统计、贝叶斯统计相关概念、理论和方法进行了概述和界定,这是在后文流域防洪治理应用研究中需要用到的基本统计理论和方法。比如,水文统计分析的相关概念、历史洪水数据的收集与处理方法、在进行流域洪水频率分析中将要用到的皮尔逊－Ⅲ型分布、先验分布常用的构造或选择方法、贝叶斯统计模型的构建方法、后验分布的计算方法等都会在后文的研究中使用。然后对贝叶斯统计理论及其应用在国内外的相关研究进行了一个较为系统的学术梳理,并结合我们的研究目标进行了评述,这样对本书研究态势形成一个总体的把握,以便于后文的进一步研究工作。

第四章

基于贝叶斯统计理论的流域防洪治理应用研究

　　本章是我们研究的核心部分,基于前文的研究背景材料和相关统计理论,将开展一系列的流域防洪治理相关实证研究。首先提出一种基于贝叶斯统计理论的数据挖掘方法,这是在大数据时代背景下进行水文统计应用研究和流域防洪治理应用研究中有时需要进行的数据处理方法。接着开展基于帕累托分布的洪水贝叶斯分析、考虑历史洪水的贝叶斯 MCMC 洪水频率分析、基于贝叶斯统计理论的洪水概率变点研究。这些都是基于贝叶斯统计理论开展流域防洪治理应用研究的关键基础性核心问题。

第一节　基于贝叶斯统计理论的数据挖掘方法及实证分析

　　当今大数据时代的一个主要特征是数据海量,信息不足,在进行水文大数据分析中同样存在这样的问题。如何从大数据的汪洋大海中挖掘出能为我所用的信息或知识,在海量数据分析应用的现实迫切需求下,二十世纪九十年代初以来一项新的数据处理技术——数据挖掘技术应运而生,成为各行各业必须掌握的数据分析应用工具。

　　从广义的观点来看,数据挖掘是从大型数据集中挖掘或探索信息或知识的过程,是一项利用计算机技术、数据库技术、人工智能和概率统计理论等方法,进行数据处理的综合性、交叉性应用学科。有别于传统的数据分析方法,是在无假设的情况进行大数据中信息、知识或规律的发现。数据挖掘在商业应用中的一个经典案例就是通过数据挖掘分析发现了小孩尿布与啤酒之间的惊人关联性，从而实现精准化营销。

数据挖掘的完整过程可以用图 4-1-1 表示。

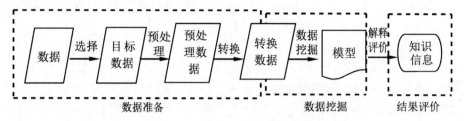

图 4-1-1　数据挖掘流程图

数据挖掘的技术和方法很多。目前，由于大数据本身所具有的不确定性，能完美描述不确定性问题的贝叶斯网络数据挖掘方法就是重要的研究方向之一。

一、贝叶斯网络简介

贝叶斯网络(Bayesian network)是一个有向无环图论模型，可记为 $BN = (G,\theta)$，其中 $G=(T,E)$ 是一个无循环有向图，可以理解为图论意义下的一个有向图，但要注意，这只是研究问题的一个抽象拓扑图。$T = (x_1, x_2, \cdots, x_n)$ 是节点集，E 是有向边集。Θ 是一个条件概率分布集，$\theta_i \in \Theta$ 表示贝叶斯网络节点 X_i 的父节点给定时 X_i 的条件概率分布。图 4-1-2 就是一个典型的贝叶斯网络。

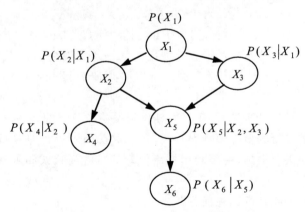

图 4-1-2　一个典型的贝叶斯网络

图4-1-2中,节点代表所研究问题的随机变量。有向边表示节点之间的相互关系,由父节点指向其子节点,表示因果关系。因此,贝叶斯网络有时又叫因果网。相关节点间的关系强度用条件概率表示,没有父节点的用先验概率表示。节点变量可以是代表任何问题,如观测现象、测试值、意见征询等。贝叶斯网络适合于作为描述不确定性或概率性问题的模型,对有条件依赖多种控制因素的决策问题最为常用。

概括起来,贝叶斯网络主要由两部分组成:

(一)一个有向无环图 $G = (T, E)$

这是一个拓扑图,图中蕴含着一种节点间的条件独立关系:如果一个节点的父节点已知,则它条件独立于其所有非后代节点。这种独立关系在进行贝叶斯网络推理的时候可以简化。

(二)一个概率表 $P(X_i | p_{a_i})$

定量地表达了该节点与父节点之间的依赖关系。

一个贝叶斯网络可以表达为如下一个联合概率分布:

$$P(X_1, X_2, \cdots, X_n) = P(X_1)P(X_2 | X_1) P(X_3 | X_1, X_2) \cdots$$
$$P(X_n | X_1, X_2, \cdots, X_{n-1})$$
$$= \prod_{i=1}^{n} P(X_i | p_{a_i}) \tag{4-1-1}$$

其中, p_{a_i} 表示节点 X_i 的父节点。

例如,对图4-1-2所表示的贝叶斯网络,利用节点的条件独立性,该贝叶斯网络的联合概率分布可以表示为:

$$P(X_1, X_2, \cdots, X_6)$$
$$= P(X_1)P(X_2 | X_1)P(X_3 | X_1, X_2)P(X_4 | X_1, X_2, X_3)$$
$$P(X_5 | X_1, X_2, X_3, X_4)P(X_6 | X_1, X_2, X_3, X_4, X_5)$$
$$= P(X_1)P(X_2 | X_1)P(X_3 | X_1)P(X_4 | X_2)P(X_5 | X_2, X_3)P(X_6 | X_5)$$

无非是求联合分布的边缘分布而已。问题是当网络的节点变量很多时,直接这样做计算量是非常巨大的。所以必须研究贝叶斯网络推断的简化算法。

利用贝叶斯统计理论,基于贝叶斯网络结构及节点的条件概率表,逐一计算出所关心的变量的概率值或某些特征值,称为贝叶斯网络推理。这种计算推理可以是因果双向的,主要利用概率统计的贝叶斯公式和全概率公式等统计理论。

贝叶斯网络推理的四种任务:

1.计算和更新信度。证据点给定以后,基于贝叶斯统计理论计算假设变量的条件概率,称为信度计算,如果是进行网络训练学习,又称为更新。

2.最大后验假设。基于给定证据,计算若干相关假设变量的联合概率,使其后验概率最大。

3.最可能解释。最可能解释就是确定贝叶斯网络的一种状态,包括结构状态和参数状态,这时系统处于这种状态的概率最大。

4.最大期望有利度。

贝叶斯网络推理算法主要研究利用贝叶斯网络对联合概率分布进行参数化,快速计算待求概率值等问题。

二、基于贝叶斯网络的数据挖掘

贝叶斯方法是一种基于贝叶斯统计理论的网络数据挖掘方法,它的一个显著特点是可以根据研究问题的需要,基于贝叶斯网络实现双向推理,既可由因求果,也可以由果溯因,即通过分析结果来了解假设(原因)。贝叶斯方法对于无先验或先验较少的情况具有其他方法不可比拟的优势。我们知道数据挖掘就是探索隐藏在大数据背后的知识、信息或规律的一种技术,这些知识、信息和规律在进行挖掘前都是未知的、不确定的、隐藏的。

利用贝叶斯网络进行数据挖掘的基本框架如图 4—1—3 所示。

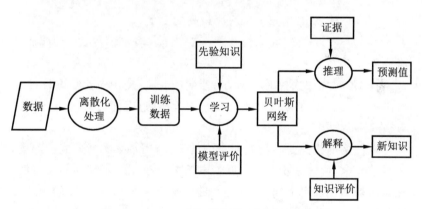

图 4—1—3　贝叶斯网络数据挖掘基本框架

贝叶斯网络研究的四个方面的问题如下:

(一)贝叶斯网络的构建

贝叶斯网络的构建的主要方法和过程是:(1)由行业专家根据其经验即先验知识及研究问题的内部关系特征确定一个网络结构图(有向无环图);(2)根据相关统计数据确定每个节点的条件概率;(3)根据专家的先验知识与训练样本数据进行网络学习,得到各节点的参数,最后得到贝叶斯网络。在这里,各种统计理论和方法将发挥作用。

具体步骤是：

1. 确定网络的相关变量及内涵关系。根据问题相关变量的依赖关系确定变量次序集合 $T=(X_1,X_2,\cdots,X_n)$，每个变量都表示为一个节点，变量 X_i 的父节点的集合记为 $\pi(X_i)$；

2. 构建表示变量相互关系的有向无环图。对每个节点 X_i，都从 $\pi(X_i)$ 中的每个节点引一条有向边到 X_i，用有向无环图表示变量之间的依赖和独立关系；

3. 确定每个节点的条件概率 $P(X_i|p_{a_i})$。注意贝叶斯网络要求每个节点变量是离散的，因此，对连续变量需要进行离散化处理。

最后得到问题的贝叶斯网络（开始是一个先验贝叶斯网络），进而可得网络的联合概率分布如下：

$$P(X_1,X_2,\cdots,X_n)=P(X_1|\pi(X_1))P(X_2|\pi(X_2))\cdots P(X_n|\pi(X_n))$$

（二）贝叶斯网络结构生成算法

算法步骤如下：

1. 设 $T=(X_1,X_2,\cdots,X_n)$ 表示变量的全序；

2. 从 $j=1$ 到 d 循环；

3. 令 $X_{T(j)}$ 表示 T 中第 j 个次序最高的变量；

4. 令 $\pi(X_{T(j)})=\{X_{T(1)},X_{T(2)},\cdots,X_{T(j-1)}\}$ 表示排在 $X_{T(j)}$ 前面的变量的集合；

5. 从 $\pi(X_{T(j)})$ 中去掉对 X_j 没有影响的变量（使用先验知识）；

6. 在 $X_{T(j)}$ 和 $\pi(X_{T(j)})$ 中剩余变量之间画弧（有向边）；

7. 结束循环。

贝叶斯网络的构建是一项费时费力的工作，需要熟悉所研究的问题，甚至是这一行的专家，但这一步又是贝叶斯网络数据挖掘的基础性和关键性一步，只要先验网络结构确定下来，为下一步进行网络学习，最终构建问题的最优贝叶斯网络打下良好基础。

案例：研究一个人的饮食和吸烟情况来预测他患有肺癌的风险，构建发现肺癌病人的贝叶斯网络。这里的节点变量有吸烟（SM）、饮食（D）、肺癌（LC）、心口痛（HP）、血压（BP）、胸痛（CP）。根据专家先验知识，经对变量之间关系及相关数据的初步分析，该问题的贝叶斯网络生成过程为：

首先，设变量的次序为 $T=(SM,D,LC,HP,CP,BP)$，然后从 D 开始执行上述步骤 2—7 得如下各条件概率：

① $P(D|SM)=P(D)$。SM 和 D 没有依赖关系；

② $P(LC|SM,D)$ 不能化简。LC 与 SM，D 都有一定的依赖关系；

③ $P(HP\mid LC,SM,D)=P(HP\mid D)$；

④ $P(CP\mid HP,LC,BP,SM,D)=P(CP\mid HP,LC)$；

⑤ $P(BP\mid CP,HP,LC,SM,D)=P(BP\mid LC)$。

依据上面所求条件概率确定的节点变量之间的依赖关系,创建节点之间的弧 (SM,LC)，(D,LC)，(D,HP)，(LC,CP)，(HP,CP)，(LC, BP)，把节点用这些弧连接起来即得贝叶斯网络拓扑图,如图 4－1－4 的中间部分所示。周围的表格为各节点的概率分布表,已经根据相关医学统计数据逐一求出。当网络比较大,变量比较多时,这些表格可以按编号另行统一列出,使用时按编号查阅即可。

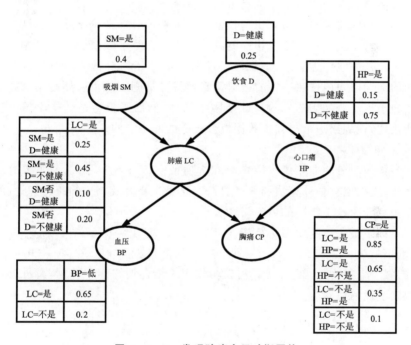

图 4－1－4　发现肺癌人贝叶斯网络

(三)基于贝叶斯网络的推理

贝叶斯网络推理算法容易理解,结果也精确,但当网络的变量较多时,该算法的计算量大,效率不高。

目前常用的算法有：

(1)基于 Poly tree Prapagation 的算法

(2)基于 Clique tree propagation 的算法

(3)基于组合优化的求解方法

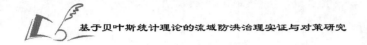

(4)随机仿真法(蒙特卡罗方法)

(5)联合树算法

在这里,不对这些具体算法作一一介绍,主要对贝叶斯算法作一个讨论。

三、基于贝叶斯网络的学习

贝叶斯网络的学习是基于贝叶斯统计方法把先验贝叶斯网络和训练数据相结合从而得到后验贝叶斯网络的过程。这是贝叶斯网络研究的一个重要内容,也是构建贝叶斯网络的关键环节。

贝叶斯网络学习内容如下:

1. 结构学习

学习训练得到对先验知识和数据拟合最好的贝叶斯网络结构。结构学习主要有两种方法:(1)基于依赖性测试的方法。在给定数据集 D 下评估节点变量之间的条件独立性关系,训练网络结构;(2)基于得分搜索的方法。在所有可能的结构空间内按照一定的搜索策略及得分准则训练贝叶斯网络结构。一般是先给出一个初始的先验贝叶斯网络结构,然后逐步通过结构学习方法增删连接边,训练出一个与样本数据拟合最好的网络结构。

2. 参数学习

参数学习分为非缺值参数学习和缺值或空值参数学习,目前主要有贝叶斯算法、极大似然估计算法和 EM 算法。这里主要涉及相关的统计理论问题,在此重点介绍一下常用的贝叶斯算法。

设给定一个贝叶斯网络结构 S ,节点变量集 $T=(X_1,X_2,\cdots,X_n)$,节点 X_i 的值域为 $\{x_i^1,x_i^2,\cdots,x_i^r\}$,训练样本数据集 $D=(C_1,C_2,\cdots,C_m)$,变量 X_i 的父节点集为 $\pi(X_i)$ 。利用先验知识 ξ 结合训练样本数据,由贝叶斯定理得到节点的后验分布:

$$P(X_i|D,\xi)=\frac{P(X_i,D,\xi)}{P(D,\xi)}=\frac{P(X_i,\xi)P(D|X_i,\xi)}{P(D|\xi)P(\xi)} \qquad (4-1-2)$$

计算中注意根据贝叶斯网络中各节点的条件独立性进行简化。这样从最高层的根父节点开始,利用贝叶斯算法逐一计算训练各节点概率分布表,循环往复,直到得到满意的最优贝叶斯网络为止。

以上面提到的发现肺癌病人的贝叶斯网络为例,根据专家的先验知识和相关数据,利用参数学习算法训练得到各节点条件概率分布表,整合经训练得到的网络结构图,最后得到一个完整的贝叶斯网络,如图 4-1-4 所示。

四、基于贝叶斯网络的数据挖掘案例实证分析

还是以上面提到的发现肺癌病人的贝叶斯网络为例。

1.假定没有任何先验信息,确定一个人是否患有肺癌。设 $\alpha \in SM = \{是,否\}$ 表示这个人是否吸烟的两个值,$\beta \in D = \{健康,不健康\}$ 表示饮食是否健康的两个值,基于上面给出的贝叶斯网络,由全概率公式 $P(LC=不是) = 1 - P(LC=是) = 0.73$,即此人不得肺癌的可能性要大一些。

2.假如加上此人有低血压($BP=低$)的信息,则由

$$P(BP=低) = \sum_{\gamma} P(BP=低|LC=\gamma)P(LC=\gamma)$$
$$= 0.65 \times 0.27 + 0.2 \times 0.73$$
$$= 0.32$$

$$P(LC=是) = \sum_{\alpha}\sum_{\beta} P(LC=是|SM=\alpha,D=\beta)P(SM=\alpha,D=\beta)$$
$$= 0.25 \times 0.4 \times 0.25 + 0.45 \times 0.4 \times 0.75$$
$$+ 0.10 \times 0.6 \times 0.25 + 0.20 \times 0.6 \times 0.75$$
$$= 0.27$$

其中,$\gamma \in LC = \{是,不是\}$,从而得此人患有肺癌的可能性修正为

$$P(LC=是|BP=低) = \frac{P(BP=低|LC=是)P(LC=是)}{P(BP=低)}$$
$$= \frac{0.65 \times 0.27}{0.32}$$
$$= 0.55$$

结论是此人患肺癌的可能性是比较大的。一般来说,患肺癌的人术后会有低血压的并发症。

3.假设此人有低血压,但不吸烟($SM=否$),而且饮食健康($D=健康$),基于上面的贝叶斯网络,此人患肺癌的可能性再修正为

$$P(BP=低|LC=是)P(LC=是|D=健康,SM=否)$$

结论说明,不吸烟的良好习惯和健康的饮食能降低患肺癌的风险。以上例子简单介绍了利用贝叶斯网络进行数据挖掘的基本操作过程。

五、结论

基于贝叶斯统计理论的网络数据挖掘技术目前是数据挖掘研究的一个重要方向之一。随着以计算机互联网为特征的现代“互联网+”社会的发展,各行各业都处在信息爆炸性增长的大数据时代,传统的数据分析统计方法,已经不能适应这种海量数据时代发展的要求,我们要在大数据的汪洋大海里面找到方向,探索这个海洋的奥秘,寻找我们所期待“宝藏”,我们要根据不同特征的数据类型,探索数据挖掘的各种有效技术。

本节着重讨论了基于贝叶斯网络的数据挖掘相关技术要点,并对案例进

行了实证分析。这种数据挖掘技术建立在贝叶斯统计理论之上,有坚实的数学理论作为支撑。随着贝叶斯网络数据挖掘算法的进一步成熟,以及各种贝叶斯统计应用软件的开发,我们能够不断克服在贝叶斯后验计算中碰到的难题,可以期待贝叶斯网络数据挖掘技术一定会在数据分析领域扮演举足轻重的作用。

在水文分析应用研究方面,随着水文监测技术现代化、信息化的发展,水文监测设备技术水平不断完善和改进,逐渐形成了集水位、流量、降水量、蒸发量以及水质等一体化的水文监测信息系统,出现了水文水情信息大数据化的新态势。水文大数据的挖掘、基于水文大数据的流域洪水预测预警及流域防洪治理是进行流域水文分析的一个重要发展方向。目前,相关工作还在起步阶段和不断发展当中。这方面的进一步研究工作,可以作为后续研究的一个努力方向。

第二节　基于帕累托分布的洪水贝叶斯分析

传统的洪水预报方法大都是从工程水文学计算方法直接移植,目前在一线大量使用的预报方案大致可以分为两类:第一类为流域降雨径流模型,用于源头流域,其中产流部分的主要代表是降雨径流相关图法、蓄满产流模型等,而汇流部分主要采用的是谢尔曼单位线法和其他类型的单位线等方法。如我国很多流域都在使用的新安江模型,这是 1973 年由河海大学提出的一个水文模型,是中国少有的一个具有世界影响力的水文模型。第二类为河道预报模型,由河道汇流预报及区间降雨径流预报合成,河道汇流预报中最常用的是水位流量相关图法、洪峰相关和马斯经根法,区间降雨预报中采用的方法则与流域降雨预报模型相似,以降雨径流相关图法和谢尔漫单位线法为主。这些传统的洪水预报方法产生于二十世纪三十年代以后,但之所以目前仍被广泛应用于第一线,主要原因有以下几点:第一,精度较为可靠;第二,便于专家经验校正;第三,认识论反映了洪水宏观规律。基于以上优点,这些传统的方法若结合新的一些理论和方法,在将来仍将继续发挥作用。

事实上,暴雨洪水过程的发生和发展取决于气象因素与水文因素,洪水预报接受水文、气象等多种输入,这些复杂的因素决定了洪水预报必定是不确定的。近年来,国内外有不少学者在进行贝叶斯估计方法的防洪应用研究,取得了一些重要成果。一般的洪水分析模型往往注重现有的水文数据,对以往的水文统计资料利用得不够充分。运用贝叶斯分析方法不但可以充分利用现有水文数据信息,同时能有效应用以往的历史数据和结论,对洪水的变化规律作出更实时有效的预测预报。本节给出一种基于帕累托分布的洪水贝叶斯分析方法,以此体现利用贝叶斯方法解决实际问题的一般流程。

一、洪水洪峰水位帕累托分布假设

构建洪水预报模型的基本出发点是致力于提高洪水预报的精度,增长洪水预报的有效预见期,扩大预报范围,提高预报作业速度,为各级防汛抗旱部门提供预报精度和预见期均满足防洪调度决策要求的洪水预报成果。根据对我国重点防洪流域珠江流域西江干流梧州水文站 1949—2020 年历次洪水洪峰水位数据的分析表明(见表 4-2-1 和图 4-2-1,其中 18 米为梧州水文站的洪水警戒水位,超过这个水位就会造成洪灾),洪水洪峰水位的分布可以看作是近似于右倾斜的分布,适合于用帕累托(Pareto)分布进行描述。帕累托分布最早是作为研究超过某一已知值 λ 的收入分布问题引进的,后来在研究城市人口分布、股票价格的起伏等问题中得到广泛应用。

表 4-2-1   1949—2020 年西江干流梧州水文站历次洪水水位频率分布

洪水水位区间(米)	频数	频率	t	x_t(米)
18~20	64	0.53	0	18
20~22	27	0.22	1	20
22~24	19	0.16	2	22
24~26	10	0.08	3	24
26~28	2	0.01	4	26
Σ	$N=122$	1.00		

假设有 n 个独立的洪水洪峰水位观测值 $x=(x_1,x_2,\cdots,x_n)$(在这里可理解为样本),它们来自帕累托分布(可理解为总体):

$$f(x\mid\lambda,\theta)=\begin{cases}\dfrac{\theta\lambda^{\theta}}{x^{\theta+1}}, & 0<\lambda<x<\infty \\ 0, & x<\lambda\end{cases} \qquad (4-2-1)$$

其中,λ 为成灾洪水水位值(超过这个值才会造成灾害,称为灾害洪水),θ 为未知参数,研究洪水水位大于 λ 的问题。

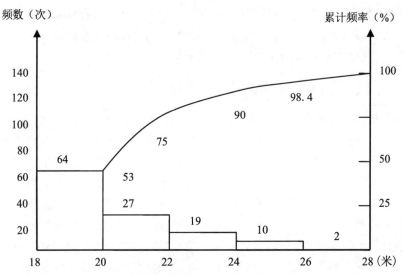

图 4—2—1　1949—2020 年西江干流梧州水文站历次洪水水位帕累托排列图

二、参数先验分布的选择和贝叶斯分析模型

假定我们开始时对参数 θ 的信息是分散的或不明确的,基于前文中关于贝叶斯统计先验分布选择或构造的相关理论,根据测度论中推广的 Radom-Nikodym 定理,可将参数 θ 的先验密度函数表示为

$$\pi(\theta) \propto \frac{1}{\theta}, \quad 0 < \theta < \infty$$

似然函数为

$$L(\theta \mid x, \lambda) = \prod_{i=1}^{n} f(x_i \mid \lambda, \theta) = \frac{\theta^n \lambda^{n\theta}}{(x_1 x_2 \cdots x_n)^{\theta+1}} = \frac{\theta^n \lambda^{n\theta}}{A^{n(\theta+1)}}$$

其中,$A = \sqrt[n]{x_1 x_2 \cdots x_n}$ 为观测值的几何平均。将先验信息和似然函数利用贝叶斯定理合并,即得 θ 的后验分布密度:

$$\pi(\theta \mid x, \lambda) \propto L(\theta \mid x, \lambda) \pi(\theta) \propto \frac{\theta^{n-1} \lambda^{n\theta}}{A^{n\theta}} \propto \theta^{n-1} \left(\frac{\lambda}{A}\right)^{n\theta} = \theta^{n-1} e^{-n\theta Ln\left(\frac{A}{\lambda}\right)}$$

记 $\alpha = \ln\left(\frac{A}{\lambda}\right)$,则有

$$\pi(\theta \mid x, \lambda) = k\theta^{n-1} e^{-na\theta}$$

对后验分布密度正则化得:

$$k = \frac{1}{\int_0^\theta \theta^{n-1} e^{-n\theta a} d\theta} = \frac{(na)^n}{\int_0^\theta (na\theta)^{n-1} e^{-n\theta a} d(na\theta)} = \frac{(na)^n}{\Gamma(n)}$$

从而得到参数 θ 的后验分布密度为

$$\pi(\theta \mid x, \lambda) = \frac{(na)^n}{\Gamma(n)} \theta^{n-1} e^{-na\theta}, \quad 0 < \theta < \infty \qquad (4-2-2)$$

这是 Γ 分布的形式,即 $\theta \sim \Gamma\left(n, \frac{1}{na}\right)$ 。

这个参数 θ 的后验密度 $\pi(\theta \mid x, \lambda)$ 融合了总体、样本和先验信息于一身,包含了 θ 所有可能利用的信息。在求出这个后验分布密度后,当中已经看不到样本信息和先验信息,它们都融入到这个后验中了,是一个全新的 θ 。关于 θ 的点估计、区间估计和假设检验等统计推断都可按一定的方式从这个后验分布提取,其提取方法与经典统计推断相比要简单明确得多。

根据这个后验密度我们可以计算 $c_1 < \theta < c_2$ 的后验概率:

$$P(c_1 < \theta < c_2) = \int_{c_1}^{c_2} \pi(\theta \mid x, \lambda) d\theta = \frac{(na)^n}{\Gamma(n)} \int_{c_1}^{c_2} \theta^{(n-1)} e^{-na\theta} d\theta$$

在这里可以用数值积分技术来分析。例如给定了损失函数 $L(\theta, \hat{\theta})$,使后验期望损失达到极小的 $\hat{\theta}$ 值能由数值计算不同 $\hat{\theta}$ 相应的 $E[L(\theta, \hat{\theta})]$ 得到。后验区间也能由数值积分技术得到。

至于后验矩 $E(\theta^r)$:

$$E(\theta^r) = \int_{-\infty}^{\infty} \theta^r \pi(\theta \mid x, \lambda) d\theta = \int_0^{\infty} \theta^r \frac{(na)^n}{\Gamma(n)} \theta^{n-1} e^{-na\theta} d\theta = \frac{(na)^{-r}}{\Gamma(n)} \Gamma(n+r)$$

特别地

$$E(\theta) = \frac{(na)^{-1}}{\Gamma(n)} \Gamma(n+1) = \frac{1}{\ln(A/\lambda)}$$

可以用这个作为参数 θ 的点估计,称为后验期望估计。有时也可用后验密度 $f(\theta \mid x, \lambda)$ 的最大值 θ_{MD} 作为参数 θ 的点估计,称为最大后验估计。或后验密度的中位数 θ_{Me} 作为参数 θ 的点估计,称为后验中位数估计。这三个估计一般统称为参数 θ 的贝叶斯估计。

而洪水水位 x 落入某区间 $\lambda < a < x < b$ 的概率为

$$P(a < x < b) = \int_a^b \frac{\theta \lambda^\theta}{x^{\theta+1}} dx = \lambda^\theta (a^{-\theta} - b^{-\theta})$$

如果我们另有 m 个独立观测值的新样本 $x^* = x_1^*, x_2^*, \cdots, x_m^*$,它们也都来自帕累托分布

$$f(x \mid \lambda, \theta) = \frac{\theta \lambda^\theta}{x^{\theta+1}}, \quad 0 < \lambda < x < \infty, 0 < \theta < \infty$$

用 $\pi(\theta \mid x, \lambda) = \frac{(na)^n}{\Gamma(n)} \theta^{n-1} e^{-na\theta}, 0 < \theta < \infty$ 作为在新样本中的先验密度, x^* 的

似然函数

$$L(\theta \mid x^*, \lambda) \propto \frac{\theta^n \lambda^{m\theta}}{A_*^{m(\theta+1)}}$$

其中，A_* 为 m 个新观测值的几何平均。利用贝叶斯定理将上面的先验分布和似然函数合并，基于两组数据的后验分布为

$$\pi(\theta \mid x, x^*, \lambda) \propto \frac{\theta^{n+m-1}\lambda^{(n+m)\theta}}{(A^n A_*^m)^{\theta+1}} \propto \frac{\theta^{n+m-1}\lambda^{(n+m)\theta}}{A_2^{(n+m)\theta}} \propto \theta^{n+m-1}e^{-a(n+m)\theta}$$

$$(4-2-3)$$

其中，$a = \ln\left(\dfrac{A_2}{\lambda}\right)$，$A_2 = (x_1, \cdots, x_n, x_1^*, \cdots, x_m^*)^{\frac{1}{n+m}}$。

这同样是 Γ 分布的形式。依次类推，这样不断地根据最新的观测数据利用贝叶斯定理对历史数据进行修正，从而得到实时的预测结果。

三、模型应用的实际处理

在实际研究中，利用帕累托分布进行分析时，一般不是直接利用个别的观测值 $x_1, \cdots, x_n$，更多的是利用频率 $n_0, n_1, \cdots, n_t, n_{t+1}, \cdots, n_T$，如历年洪水水位落入特定区间 x_t 到 x_{t+1} 的频数 n_t，这里 $x_0 = \lambda, t = 0, 1, \cdots, T$，洪水水位 x 落入某区间 $x_t < x < x_{t+1}$ 的概率为

$$P(x_t < x < x_{t+1}) = \int_{x_t}^{x_{t+1}} \frac{\theta \lambda^\theta}{x^{\theta+1}} dx = \lambda^\theta \left(\frac{1}{x_t^\theta} - \frac{1}{x_{t+1}^\theta}\right), \quad t = 0, 1, \cdots, T$$

$$(4-2-4)$$

对于

$$x_T < x < \infty, \quad P(x_T < y < \infty) = \frac{\lambda^\theta}{x_T^\theta}$$

研究给定选取的 N 个水位数据，水位 x 值落入区间 x_t 到 x_{t+1} 的次数为 n_t，$t = 0, 1, \cdots, T-1$，水位 x 落入 x_T 到 ∞ 区间的次数为 n_T 的概率为

$$\frac{N!}{\prod_{t=0}^{T} n_t!} \frac{\lambda^{\theta n_t}}{x_T^{\theta n_t}} \prod_{t=0}^{T-1} \lambda^{\theta n_t}\left(\frac{1}{x_t^{-\theta}} - \frac{1}{x_{t+1}^{-\theta}}\right)^{n_t}$$

其中，$N = \sum_{t=0}^{T} n_t$，将其看作是 θ 的函数就是似然函数，可简洁表示为

$$L(\theta \mid \lambda, n, N) \propto \frac{\lambda^{\theta N}}{\left(\prod_{t=0}^{T} x_t^{n_t}\right)^\theta} \prod_{t=0}^{T-1}\left[1 - \left(\frac{x_t}{x_{t+1}}\right)^\theta\right]^{n_t} \propto e^{-an\theta} \prod_{t=0}^{T-1}\left[1 - \left(\frac{x_t}{x_{t+1}}\right)^\theta\right]^{n_t}$$

$$(4-2-5)$$

其中，$a = \ln\left(\dfrac{A}{\lambda}\right)$，$A = \left(\prod_{t=0}^{T} x_t^{n_t}\right)^{\frac{1}{N}}$，$n = (n_0, n_1, \cdots, n_T)$。

给定 θ 的先验分布 $\pi(\theta)$，利用贝叶斯定理与似然函数合并得后验密度

$$\pi(\theta \,|\, \lambda, n, N) \propto f(\theta) e^{-aN\theta} \prod_{t=0}^{T-1} \left[1 - \left(\frac{x_t}{x_{t+1}} \right)^{\theta} \right]^{n_t}$$

如果没有太多的信息可用,先验分布 $\pi(\theta)$ 同样可采用形式:

$$\pi(\theta) \propto \frac{1}{\theta}, \quad 0 < \theta < \infty$$

这时 θ 的后验密度为

$$\pi(\theta \,|\, \lambda, n, N) = k \, \frac{1}{\theta} e^{-aN\theta} \prod_{t=0}^{T-1} \left[1 - \left(\frac{x_t}{x_{t+1}} \right)^{\theta} \right]^{n_t} \qquad (4-2-6)$$

其中,k 为正则化常数,$a = \ln\left(\dfrac{A}{\lambda}\right)$,$A = \left(\prod_{t=0}^{T} x_t^{n_t} \right)^{\frac{1}{N}}$。

如果有足够多的先验信息可用,$\pi(\theta)$ 就采用可代表它的形式,同样对后验密度正则化即可计算出有关参数和进行需要的计算。

后验分布是贝叶斯统计推断的出发点和关键所在,所有的统计推断问题都可基于这个后验密度展开,包括洪水的频率分析问题。在下一节中,我们将结合历史洪水数据信息的利用,介绍一种贝叶斯 MCMC 洪水频率分析方法。

四、结论

贝叶斯估计理论在水文频率分析和水文模型预报的不确定分析中已经得到较广泛的应用。目前,在国外将贝叶斯估计理论应用到水文科学方面的研究成果相对比较多,但由于在先验分布的选择或构造、后验分布的数值计算及相应计算机软件研制方面还存在一些需要解决的问题,研究大都还停留在理论层面,可供实际应用的成果不多,需要加强进一步的研究。

第三节　考虑历史洪水的贝叶斯 MCMC 洪水频率分析模型

前文已经对贝叶斯统计理论及其应用开展了一些具体研究工作,给出了利用贝叶斯统计方法解决实际问题的一般流程,本节将利用这些相关理论和方法进行洪水频率分析。洪水频率分析是水文统计分析的一个重要问题,可为水工程建设和防洪管理提供依据。由于受水文事件本身的复杂性、水文资料短缺性及估算模型的适用性等因素的影响,洪水频率分析有很大不确定性。降低水文频率分析的不确定性,提高估算精度是水文研究的一项重要工作。由于实测资料较少(往往只有几十年),目前常用的各种模型很难获得较高的精度估算结果。将历史洪水资料应用到水文研究中,可有效扩大洪水的信息量,降低模型估算的不确定性[45]。

　　常用的水文频率分析的模型种类很多,贝叶斯统计理论多年的发展过程证明,它不仅可以用于水文频率分析,而且还可以评估模型参数和模型本身的不确定性,具有很多频率分析方法无法比拟的优势,在水文学领域得到了广泛的应用。但贝叶斯模型在计算过程中涉及的参数较多,有些积分过程非常复杂,在前文关于贝叶斯统计计算的研究介绍中,将 MCMC 方法用于贝叶斯模型的积分计算,不仅可以使积分过程大大简化,而且可以将历史洪水信息用于频率分析,使得模型的估算效率大大提高。

　　本节采用贝叶斯 MCMC 模型,通过对西江流域梧州水文站年最大洪水频率分析计算,提供贝叶斯 MCMC 模型的应用流程及其对洪峰设计值的分析结果,旨在探寻提高洪水频率分析可靠性的新途径。

一、贝叶斯 MCMC 模型

(一)贝叶斯公式

　　贝叶斯方法在水文学领域应用十分广泛,根据贝叶斯理论,对于样本 x 其关于参数 θ 的后验分布概率密度 $\pi(\theta\,|\,x)$ 可通过以下公式计算:

$$\pi(\theta\,|\,x) = \frac{f(x\,|\,\theta)\pi(\theta)}{\displaystyle\int f(x\,|\,\theta)\pi(\theta)d\theta} \qquad (4-3-1)$$

其中,$\pi(\theta)$ 为参数 θ 的先验分布,$f(x\,|\,\theta)$ 为样本的极大似然函数。

(二)先验分布

　　根据前述先验分布构造的相关理论和方法,这里采用 Jeffrey 先验分布来表示这种状况的先验信息,即

$$\pi(\theta) \propto \frac{1}{\theta}, \quad 0 < \theta < \infty \qquad (4-3-2)$$

(三)极大似然法

　　在水文频率分析计算中的样本又称为非简单样本,即包括实测样本系列和调查样本系列(如历史洪水),我们采用包括历史洪水的非简单样本对似然函数进行描述。关于历史洪水数据的收集、考证、分析与利用,在前文中已有详述。假定水文频率服从模型概率分布函数 $f(Q\,|\,x)\pi(\theta)$ (又称 PDF 模型,这里 Q 为水文变量,θ 为参变量),以 $x = \{Q, H\}$ 代表非简单样本,其中 $Q = \{Q_1^{(1)}, Q_2^{(1)}, \cdots, Q_n^{(1)}\}$ 代表实测样本系列,$H = \{(Q_1^{(2)}, u_1, v_1), (Q_2^{(2)}, u_2, v_2), \cdots, (Q_m^{(2)}, u_m, v_m)\}$ 代表历史洪水系列,$(Q_j^{(2)}, u_j, v_j)$ 表示 u_j 年中水文数据大于 $Q_j^{(2)}$ 的年数为 v_j,其对应的水文频率方程为 $f(H\,|\,\theta)$。针对以上情况,假设实测洪水样本 $Q_j^{(2)}, j = 1, 2, \cdots, n$ 之间相互独立,且服从皮尔逊一Ⅲ型分布,$(Q_j^{(2)}, u_j, v_j), j = 1, 2, \cdots, m$ 服从二项分布,则可以得到:

$$f(Q \mid x) = \prod_{i=1}^{n} f(Q_i^{(1)} \mid \theta) \qquad (4-3-3)$$

$$f(H \mid \theta) = \prod_{i=1}^{m} f(u_j \mid v_j, Q_j^{(1)}, \theta) \qquad (4-3-4)$$

其样本分布函数为：

$$f(Q_i^{(1)} \mid \theta) = \frac{\beta^v}{\Gamma(v)} (x - \alpha_0)^{v-1} e^{-\beta(x-\alpha_0)} \qquad (4-3-5)$$

$$f(v_j \mid u_j, Q_j^{(2)}, \theta) = C_{u_j}^{v_j} \left[1 - F(Q_j^{(2)})\right]^{u_j - v_j} \left[F(Q_j^{(2)})\right]^{v_j}$$

$$(4-3-6)$$

式中 α_0, β, v 分别为皮尔逊－Ⅲ型分布的位置、尺度和形状参数。

其中 $\alpha_0 = \bar{x}(1 - 2C_v/C_s), \beta = 2/(\bar{x}C_v C_s), v = 4/C_s^2$，$\bar{x}$ 为数学期望，C_v 为变异系数，C_s 为偏度系数，$F(Q_j^{(2)})$ 定义为 $Q > Q_j^{(2)}$ 时的概率，后面我们用超定量洪水的概率来定义概率方程的积分。因此，公式（4－3－1）中的极大似然

$$\begin{aligned} f(x \mid \theta) &= f(Q, H \mid \theta) \\ &= f(Q \mid H, \theta) f(H \mid \theta) \\ &= f(Q \mid \theta) f(H \mid \theta) \end{aligned} \qquad (4-3-7)$$

式（4－3－1）中后验概率密度函数 $\pi(\theta \mid x)$，可由先验分布函数 $\pi(\theta)$ 和方程（4－3－7）中的极大似然函数 $f(x \mid \theta)$ 依据贝叶斯公式计算得出。

（四）设计值及置信区间的估算

水文变量 Q 的概率分布函数为

$$I(Q \mid x) = \int_\theta f(Q \mid \theta) \pi(\theta \mid x) d\theta \qquad (4-3-8)$$

其中，$I(Q \mid x)$ 为水文变量 Q 的概率分布函数，对于指定的超限水文频率 P，其对应的水文设计值可以由下面公式计算得出（本书中的重现期 $T = 1/P$）：

$$P = P(Q \geqslant Q_p \mid x) = \int_{Q_p}^{\infty} I(Q \mid x) dQ \qquad (4-3-9)$$

将公式（4－3－8）代入公式（4－3－9），并改变积分次序得：

$$\begin{aligned} P(Q \geqslant Q_p \mid x) &= \int_{Q_p}^{\infty} \left[\int_\theta f(Q \mid \theta) \pi(\theta \mid x)\right] dQ \\ &= \int_\theta P(Q \geqslant Q_p \mid \theta) \pi(\theta \mid x) d\theta \end{aligned} \qquad (4-3-10)$$

上式中 $P(Q \geqslant Q_p \mid \theta)$ 指超定量 Q_p 的洪水频率，我们采用前面介绍的 MCMC 方法来推求洪水频率。根据水文样本的频率分布，对于不同水文极值点的期望设计值可由公式（4－3－11）计算获得：

$$EQ_p = \int Q_p dp(Q \geqslant Q_p \mid x) \qquad (4-3-11)$$

在计算过程中，MCMC 抽样技术可以用来估算水文样本 Q_p 对应的期望

设计值 EQ_p ,同时也可以计算出参数的极大似然值。通过每个参数的后验分布函数 $\pi(\theta \mid x)$ 就可获得参数 θ ($\theta = (EX, C_v, C_s)$,其中 EX 为水文变量 X 的数学期望)。根据以上计算结果,就可计算出参数 θ 的极大似然值,及其水文设计值。然后根据水文设计值的频率分布,对任意置信水平 α 对应的置信区间可以由公式(4-3-12)计算获得:

$$P(Q_p \in [Q_{PL}, Q_{PU}]) = 1 - \alpha \qquad (4-3-12)$$

其中, Q_{PL} 为置信区间的下限, Q_{PU} 为置信区间的上限,在置信区间 $[Q_{PL}, Q_{PU}]$,我们可以对估算的水文设计值进行不确定性分析。

（五）贝叶斯 MCMC 方法

MCMC 方法的具体算法在前文研究中已作详细介绍,下面就利用 MCMC 方法基于 R 软件和 nsRFA 程序包进行贝叶斯 MCMC 模型的相关计算。R 软件是一个开放的统计编程软件,其软件资源可以从网络上免费获取(http://www.r-project.org/),nsRFA 程序包含多种水文频率分析程序,该程序包也可以在网上免费获取。MCMC 方法不仅可以获得设计值的各类点估计(如期望值估计),同时也可以得到设计值的抽样估计,据此也可以对设计值估计的不确定性作出定量评估。

（六）数据资料的基本情况

本研究收集了西江流域梧州水文站近一百多年来的洪峰流量资料(如图 4-3-1 所示,具体数据见附录 1:西江流域梧州水文站历年汛期洪水数据统

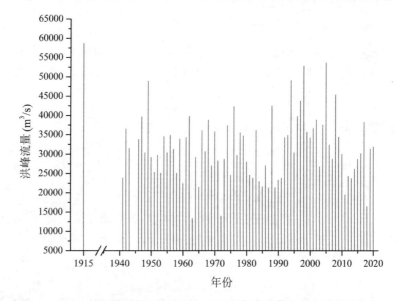

图 4-3-1 西江流域梧州水文站近一百多年来年最大洪水的洪峰流量

计表),其中包括连续实测的年最大洪峰流量资料 75 年(1946—2020 年,本书中指实测洪水样本),以及 1915 年发生的历史特大洪水洪峰资料(本书中指历史洪水样本)。

二、结果与分析

(一)基于实测洪水资料的贝叶斯 MCMC 模型频率分析

图 4-3-2 利用 1946—2020 年实测洪水资料,根据贝叶斯 MCMC 模型,利用上面介绍的 R 软件和 nsRFA 程序包,计算给出西江流域梧州水文站洪水频率分析结果。贝叶斯 MCMC 模型较好地估算了各量级洪水发生的重现期,同时也计算出了各量级洪水设计值在 95% 置信区间上的上限和下限,百年一遇、千年一遇以及万年一遇洪水的设计值分别为 53292.6m³/s,61383.6m³/s 和 68437.2m³/s,其在 95% 置信区间上的相对离差分别为 22.4%,30.0% 和 37.0%(见表 4-3-1)。由于实测洪水资料有限,随着重现期的延长,洪水设计值的离差明显增大,模型预估结果的不确定性也明显增大。

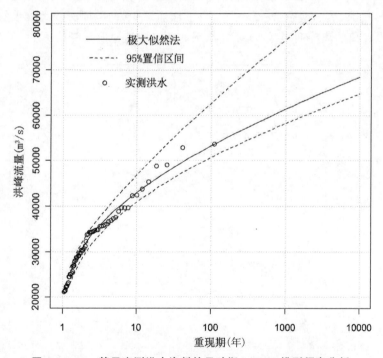

图 4-3-2 基于实测洪水资料的贝叶斯 MCMC 模型频率分析

(二)基于实测洪水和历史洪水资料的贝叶斯 MCMC 模型频率分析

前文已对历史洪水信息的利用和挖掘进行了比较深入的分析,图 4-3-3

表 4－3－1　基于不同数据资料的贝叶斯 MCMC 模型频率分析结果比较

重现期 （年）	数据系列	设计值 EQ_P （m³/s）	置信区间 下限 Q_{LP} （m³/s）	置信区间 上限 Q_{UP} （m³/s）	95％置信区 间绝对离差 $\triangle Q_P$（m³/s）	95％置信区 间相对离差 $\triangle Q_P / Q_P$（％）
100	实测洪水	53292.6	50761.2	62672.4	11911.2	22.4
	实测＋历史洪水	54139.3	50820.0	57799.8	6979.8	12.9
1000	实测洪水	61383.6	58230.7	76652.3	18421.6	30.0
	实测＋历史洪水	62896.3	58806.2	68335.1	9528.9	15.2
10000	实测洪水	68437.2	64671.7	89988.2	25316.5	37.0
	实测＋历史洪水	70631.5	65816.2	77876.1	12059.8	17.1

在 1946—2020 年实测洪水资料基础上，增加了 1915 年历史洪水的信息。贝叶斯 MCMC 模型频率分析结果表明：百年一遇、千年一遇以及万年一遇洪水的设计值分别为 54139.3m³/s，62896.3m³/s 和 70631.5m³/s，与图 4－3－2 分析结果相比较，在 95％置信区间上设计值的相对离差分别降低了 9.5％，14.8％和 19.9％（见表 4－3－1）。由于增加了 1915 年稀遇特大洪水的信息，洪水设计值的离差明显减少，研究结果的不确定性也明显降低。

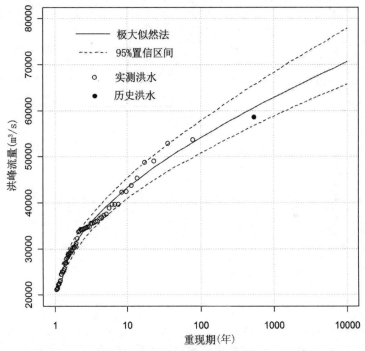

图 4－3－3　基于实测洪水和历史洪水资料的贝叶斯 MCMC 模型频率分析

三、结论

本节将贝叶斯 MCMC 模型和历史洪水资料用于西江流域梧州水文站的洪峰流量频率分析计算中,研究结果表明:贝叶斯 MCMC 方法不仅可以较为准确地估算各类洪水的设计值,同时还可以对设计值估计的不确定性做出定量评估。在水文频率分析中,可供选择的模型方法很多,但大多数模型很难对预估结果的不确定性给予定量分析,贝叶斯 MCMC 模型在洪水频率分析中具有明显的优势。此外,将历史稀遇的特大洪水信息用于水文频率分析,可以显著地降低贝叶斯 MCMC 模型估算结果的不确定性,因此在水文频率研究中,尽量挖掘历史特大洪水信息,扩充洪水的信息量,对提高水文模型预估结果的可靠性具有重要意义。

第四节　基于贝叶斯统计理论的洪水概率变点研究

一、变点问题

所谓变点,指的是在一个变化过程中,在某个未知时刻的前后,该过程的结构发生了变化。变点问题是目前受到广泛关注的重要统计问题,因为变化无处不在,而一个变化过程的变点是我们最为关注的关键时间点。变点的统计推断问题,就是要根据所研究问题的背景,对变点的时刻作出估计[46]。在流域防洪治理应用研究问题中,研究流域洪水水位(或流量)发生变化的规律,即洪水水位从一个分布变到另一个分布的时间点,对于做好流域防洪工作具有重要意义。

问题可描述为:设历年洪水水位(如年最高水位)为一列独立随机变量 $H_1, H_2, \cdots, H_n$,如果存在 $\tau \in \{1, 2, \cdots, n\}$ 使前面的 $H_1, H_2, \cdots, H_\tau$ 服从分布 F_{θ_1},而后面的 $H_{\tau+1}, H_{\tau+2}, \cdots, H_n$ 服从另一个分布 F_{θ_2},其中 θ_1, θ_2, τ 未知,τ 就是洪水水位的概率变点,如果找到了 τ,就知道了洪水水位发生变化的时间规律,可以指导做好流域防洪减灾工作,及时采取防洪措施,避免造成巨大人员伤亡和财产损失。

二、洪水变点贝叶斯模型

设每年的洪水最高水位 H 有分布密度 $f_H(h;\theta)$,假定 $f_H(h;\theta)$ 在各时段是独立的,时段长度取 1 年,每个时段最大值出现一次,这一假定是符合天然河道的年最高洪水水位的随机特性的。从实测的 n 年最高洪水水位的年记

录中抽取 m 年的观测值，令 H_i 为第 i 年的监测统计量，得历年独立的洪水水位统计量 $H_1,H_2,\cdots,H_m$，令 $\tau=1,2,\cdots$ 表示观测年洪水水位从参数 θ_0 变到 $\theta_1=\theta_0+\Delta$ 的时间，τ 称为 θ_0 的变点（change-point），即从这一年以后，洪水的水位已经明显提高，防洪标准要作相应的调整。假定在 $\theta=\theta_0$ 的状态开始监测，事件 $\{\tau=i\}$，$i=1,2,\cdots,m-1$ 表示变点出现在第 i 年和第 $i+1$ 年之间，事件 $\tau\geqslant m$ 表示变点在所选取的观测年份没有出现。

对已选取的观测年份 $H_1,H_2,\cdots,H_m$ 及确定的 θ_0 和 θ_1 后，可用极大似然估计法进行讨论，这时 τ 的似然函数为

$$L_m(\tau;H_1,H_2,\cdots,H_m)=\begin{cases}\prod_{i=1}^{\tau}f(H_i;\theta_0)\prod_{j=\tau+1}^{m}f(H_j;\theta_1),1\leqslant\tau\leqslant m-1\\\prod_{i=1}^{m}f(H_i;\theta_0),\qquad\qquad\qquad\tau\geqslant m\end{cases}$$

$$(4-4-1)$$

可利用几何先验分布作为对 τ 的先验分布：

$$\pi_m=\begin{cases}\pi(1-\pi)^{i-1},\quad 1\leqslant\tau\leqslant m-1\\\pi(1-\pi)^{m-1},\quad \tau\geqslant m\end{cases}\qquad(4-4-2)$$

其中，$0<\pi<1$ 为先验参数。由贝叶斯公式，在观测 $H_1,H_2,\cdots,H_m$ 之后，得事件 $\tau<m$ 的已给 $H_1,H_2,\cdots,H_m$ 之后的后验概率，即在观测中探测到变点的概率（假设只有一个变点，这时事件 $\{\tau=1\},\cdots,\{\tau=m-1\}$ 两两互不相容，两个以上的变点另文讨论）。这时有：

$$\pi_m\mid H=P(\tau<m\mid H_1,H_2,\cdots,H_m)$$
$$=P(\bigcup_{i=1}^{m-1}\tau=i\mid H_1,H_2,\cdots,H_m)$$
$$=P(\tau=1\mid H_1,H_2,\cdots,H_m)+\cdots+P(\tau=m-1\mid H_1,H_2,\cdots,H_m)$$
$$=\frac{\sum_{i=1}^{m-1}L_m(\tau=i;H_1,H_2,\cdots,H_m)\pi(1-\pi)^{i-1}}{\sum_{i=1}^{m}L_m(\tau=i;H_1,H_2,\cdots,H_m)\pi(1-\pi)^{i-1}}$$
$$=\frac{\sum_{i=1}^{m-1}\prod_{j=1}^{i}f(H_j,\theta_0)\prod_{j=i+1}^{m}f(H_j,\theta_1)\pi(1-\pi)^{i-1}}{\sum_{i=1}^{m-1}\prod_{j=1}^{i}f(H_j,\theta_0)\prod_{j=i+1}^{m}f(H_j,\theta_1)\pi(1-\pi)^{i-1}+\prod_{j=1}^{m}f(H_j,\theta_0)\pi(1-\pi)^{m-1}}$$
$$=\frac{\dfrac{1}{(1-\pi)^{m-1}}\sum_{i=1}^{m-1}(1-\pi)^{i-1}\prod_{j=i+1}^{m}f(H_j;\theta_1)/f(H_j;\theta_0)}{\dfrac{1}{(1-\pi)^{m-1}}\sum_{i=1}^{m-1}(1-\pi)^{i-1}\prod_{j=i+1}^{m}f(H_j;\theta_1)/f(H_j;\theta_0)+1}$$
$$=\frac{\dfrac{1}{(1-\pi)^{m-1}}\sum_{i=1}^{m-1}(1-\pi)^{i-1}\prod_{j=i+1}^{m}R_j}{\dfrac{1}{(1-\pi)^{m-1}}\sum_{i=1}^{m-1}(1-\pi)^{i-1}\prod_{j=i+1}^{m}R_j+1}\qquad(4-4-3)$$

其中，$R_j=f(H_j;\theta_1)/f(H_j;\theta_0)$，$j=1,2,\cdots$ 称为似然比。

如果 $\pi_m \mid H \geqslant \pi^*$（$\pi^*$ 为一个指定的接近 1 的(0,1)之间的值，一般取 0.95，0.99 等），则贝叶斯方法认为在观测的年份中发现了一个从 θ_0 到 θ_1 的变点。

参数 π 一般很小，这时 $\pi_m \mid H$ 近似为

$$\hat{\pi}_m \mid H = \frac{\sum_{i=1}^{m-1} \prod_{j=i+1}^{m} R_j}{\sum_{i=1}^{m-1} \prod_{j=i+1}^{m} R_j + 1} = \frac{W_m}{W_m + 1}$$

其中,统计量

$$W_m = \sum_{i=1}^{m-1} \prod_{j=i+1}^{m} R_j \tag{4-4-4}$$

就是所谓的 Shiryayev-Roberts（SR）统计量。由此得判断关系为：如果 $\hat{\pi}_m \mid H \geqslant \pi^*$，即 $W_m \geqslant \pi^*/(1-\pi^*)$，称 $\pi^*/(1-\pi^*)$ 为停止限，即临界值，这时探测到变点。例如，如果一旦 $\hat{\pi}_m \mid H \geqslant 0.95$，等价条件为：$W_m \geqslant 0.95/(1-0.95)=19$，则认为在所选取的年度洪水水位中探测到概率变点。在实际操作中，一般从 $m=2$ 开始进行探测。

三、变点探测实证分析

作为例子,设 θ_0 为某流域某水文站历年洪水水位的平均值。在已有的研究资料中，一般认为大坝的上游水位（有闸门控制调度）以及一些天然河道中的洪水水位，以正态分布拟合较好，即 $H_j \sim N(\theta_0, \sigma^2)$，记统计量 H 的基于 n 个观测值的平均值为 $\bar{H}_n$，则 $\bar{H}_n \sim N(\theta_0, \sigma^2/n)$，而变点表示 θ_0 转移到 $\theta_1 = \theta_0 + \delta\sigma$，$\delta$ 为 σ 的倍数。这时似然比为

$$R_j = f(\bar{H}_j; \theta_1)/f(\bar{H}_j; \theta_0) = \exp\left\{-\frac{n\delta^2}{2} + \frac{n\delta}{\sigma}(\bar{H}_j - \theta_0)\right\}, \quad j=1,2,\cdots$$

所以 SR 统计量为

$$W_m = \sum_{i=1}^{m-1} \exp\left\{\frac{n\delta}{\sigma}\sum_{j=i+1}^{m}(\bar{H}_j - \theta_0) - \frac{n\sigma^2(m-i)}{2}\right\}$$

如取 $\theta_0 = 10$，$n=5$，$\pi^* = 0.95$，$\sigma = 3$，$\pi^*/(1-\pi^*)=19$，得 W_m 的值如表 4-4-1 所示。

表 4-4-1　W_m 与 m 的变动关系

$\delta=0.5$	m	2	4	5	6	7	10	11	13	14
$\theta_1=11.5$	W_m	0.365	3.275	1.179	10.135	14.418	0.4752	1.7219	16.343	14.9618
$\delta=2$	m	2	4	5	6	7	10	11		
$\theta_1=16$	W_m	0.0112	0.000	0.000	0.029	0.000	0.001	1538.09		

从表 4-4-1 可以看出,$\delta=0.5$ 时,W_m 具有不规则性,且都有 $W_m<19$,没有探测到变点出现。当 $\delta=2$ 时,$W_{11}=1538.09>19$,SR 统计量很快就能探测到变点($\tau=10$),即一般来说,δ 越大就能越快探测到变点。这时 $\bar{H}_j\sim N(10,3^2/5),j=1,2,\cdots,10$,而 $\bar{H}_j\sim N(10+3\delta,3^2/n),j=11,12,\cdots$。如果停止限或临界水平 $W^*=\pi^*/(1-\pi^*)$ 很大,则在其没有发生时说有变点(误报)的频率就小。

在实际应用中,如果探测到了变点(如上面的 $\tau=10$),判断从这一年开始洪水水位(流量)的统计特征可能发生了质的变化,比如说,从五十年一遇的洪水变成二十年一遇,流域防洪治理及整个防洪体系要采取新的措施。

四、结论

最近一百多年以来,由于人类活动对自然生态环境的人为干扰,工业化引发的温室效应导致的全球气候变暖,各大流域不同程度发生过一些反复突变现象。这里依据上面所介绍的方法,直接给出从 1901 年开始至 2020 年一百多年来西江流域梧州水文站洪水概率变点情况统计(见表 4-4-2),这也是一百多年以来整个西江流域的共同时代特征。

表 4-4-2 1901—2020 年西江流域梧州水文站洪水概率变点统计表

变点出现年份	1915	1949	1976	1994	1998	2005	2008
流量(m^3/s)	54500	48900	42400	49100	52900	53700	45400
备 注	历史第一	历史第五		历史第四	历史第三	历史第二	

注:具体洪水相关数据见附录 1:西江流域梧州水文站历年汛期洪水数据统计表。

本章小结

本章基于前文的研究背景材料和相关统计理论,首先提出了一种基于贝叶斯统计理论的数据挖掘方法,在当今大数据时代背景下,这种数据挖掘处理方法在进行水文统计应用研究和流域防洪治理应用研究中也可以使用,相关方法还在起步阶段,是后续研究的一个努力方向。接着开展了基于帕累托分布的洪水贝叶斯分析,给出了利用贝叶斯方法解决实际问题的基本流程,这种方法对于其他洪水分布类型也是通用的。结合前文关于历史洪水信息的收集、考证、分析和利用,给出了一种考虑历史洪水的贝叶斯 MCMC 洪水频率分析方法,实证证明,这种分析方法与传统的频率分析方法相比具有更高的可靠性和精度,基于西江流域梧州水文站近一百多年来的洪水实测数据和历史数据得到流域洪水频率分析的基本结论:百年一遇、千年一遇以及万年一遇洪水的设计值分别为 $54139.3\text{m}^3/\text{s}$,$62896.3\text{m}^3/\text{s}$ 和 $70631.5\text{m}^3/\text{s}$。最后,进行了基于贝叶斯统计理论的洪水概率变点研究,这也是流域防洪治理非常关注的重点问题之一,得到近一百多年来西江流域洪水变点的基本判断:洪水变点频繁出现,洪水发生突变特征非常明显,流域防洪形势异常严峻。这些都是在基于贝叶斯统计理论开展流域防洪治理应用研究的关键基础性核心问题。

第五章

洪水预测预警的两种新模型

洪水预测预警是进行流域防洪治理的重要基础性工作,是流域防洪治理的重要非工程措施之一。本章以西江—郁江流域相关水文站点为研究对象,基于贝叶斯统计与经典统计相融合构建两个洪水预测预警模型:二阶合成流量模型和移动分析法模型。通过把洪水历史数据和实测数据的贝叶斯融合,得到新数据后,主要基于经典统计方法来构建洪水预测预警模型。模型经过不断优化完善后可在西江流域其他水文站点进行进一步推广应用。

第一节 二阶合成流量模型

随着经济社会快速发展,江河水情信息已成为社会公共安全不可或缺的重要部分,特别是水情预警信息[47],它为生命和财产的安全和保护赢得宝贵时间,时间就是生命,时间就是金钱。每当洪水灾害发生之前,迫切需要得到预警信息,提前了解洪水灾害发生的时间,就是洪水预测预报的预见期。洪水预测预报的预见期越长越好,但是预见期越长,预报的准确率较低,预报效果差。要在预报准的前提下,去探索延长预见期的有效方法。本节在应用合成流量法预报洪峰水位的基础上,加入新的理念,构建二阶合成流量模型的洪水预警方法。

一、西江—郁江流域概况

郁江是珠江流域西江水系的主要支流之一,它是由上游左、右江两条支流汇合。其中左江发源于越南北部的谅山省境内,右江发源于我国云南省的广南县龙山,二江在南宁市郊区宋村汇合后称为郁江。郁江(南宁段称为邕江)自西向东穿越南宁市区,将其自然划分成南北两岸。南宁站是郁江上游的控制站,集水面积 $72656km^2$。左江的控制站是崇左站,左江支流有明江、黑水河,崇左站上游主要有龙州、宁明、新和站;右江的控制站是隆安站,右江支流有龙须河、英竹河,隆安站上游主要有百色、荣和、英竹站。

郁江及上游的左、右江控制站受水利工程影响情况如下:南宁站上游受老口电站的影响,崇左站受上游左江电站影响,隆安站受上游金鸡滩电站影响,百色站受百色水利枢纽影响。

二、基本依据

对于洪水流量数据,可以把历史数据与实测数据进行贝叶斯融合后,根据新的后验数据,利用一般的经典统计方法来构建二阶合成流量相关预测预警模型。为了简化问题,下面只给出基于所谓数据的二阶合成流量模型的构建方法,不区分历史数据、实测数据还是后验数据。

上游多支流的合成流量关系式:

$$Q_{下,t} = f\left(\sum_{i=1}^{n} Q_{上,t-\tau_i}\right) \tag{5-1-1}$$

其中,$Q_{下,t}$ 为下游站汇出流量(m^3/s),$\sum_{i=1}^{n} Q_{上,t-\tau_i}$ 为上游合成流量(m^3/s),τ_i 为干流及各支流流量的传播时间(小时),n 为上游测站断面数。

三、模型建立

(一)基本思路

由左江的控制站崇左站断面流量 Q_a、右江的控制站隆安站断面流量 Q_b 及区间流量 Q_x 汇流至南宁(三)站断面的合成流量 Q_t,汇流历时 24~30 小时:

$$Q_t = Q_a + Q_b + Q_x \tag{5-1-2}$$

式(5-1-2)为一阶合成流量模型。其中,Q_a 为左江控制站崇左站断面流量,$Q_a = Q_{a1} + Q_{a2} + Q_{a3}$;$Q_b$ 为右江控制站隆安站断面流量,$Q_b = Q_{b1} + Q_{b2} + Q_{b3}$;$Q_x$ 为区间流量。

由崇左站上游的龙州 Q_{a1}、宁明 Q_{a2}、新和站 Q_{a3} 断面流量、隆安站上游的百色 Q_{b1}、荣和 Q_{b2}、英竹 Q_{b3} 站断面流量及区间流量 Q_x 汇流至南宁(三)站断面的合成流量 Q_{ab},汇流历时 48~50 小时(见表 5-1-1):

$$Q_{ab} = Q_{a1} + Q_{a2} + Q_{a3} + Q_{b1} + Q_{b2} + Q_{b3} + Q_x \tag{5-1-3}$$

式(5-1-3)为二阶合成流量模型。

表5－1－1　左江宁明、右江百色至郁江南宁汇流历时

序号	河流	河段	河长(km)	汇流历时(h)
1	右江	百色至南宁	406	50
2	左江	宁明至南宁	378	48

(二)资料选择

选择郁江南宁(三)站、左江上游的龙州、宁明、新和站、右江上游百色、荣华、英竹站,2008—2015年16场次洪水见表5－1－2,以郁江南宁(三)站水位在68m以上的洪水作资料分析,水位变幅68.00～76.00m,流量变量4100～11100m³/s。

表5－1－2　南宁(三)站二阶流量上游站合成流量统计表

洪号	时间	龙州 Q_{a1}	宁明 Q_{a2}	新和 Q_{a3}	百色 Q_{b1}	荣华 Q_{b2}	英竹 Q_{b3}	区间 Q_x	合成 Q_{ab}	系数 K_x
1	2008.8.11 13:00	3170	2860	1190	403	405	206	974	9208	0.106
2	2008.9.30 4:00	6200	4530	1600	600	400	320	917	14567	0.063
3	2008.11.5 10:00	4280	3460	1150	2300	230	120	992	12532	0.079
4	2009.7.7 0:00	2380	120	1870	320	220	120	772	5802	0.133
5	2010.7.27 1:00	2900	910	1330	60	330	140	828	6498	0.127
6	2012.7.31 8:00	2530	230	1720	960	380	130	850	6800	0.125
7	2012.8.21 17:00	3200	3100	1400	880	160	80	990	9810	0.101
8	2013.8.26 16:00	2910	1000	1400	440	270	180	868	7068	0.123
9	2013.9.7 11:00	2410	1650	550	350	100	70	781	5911	0.132
10	2013.11.14 5:00	2430	2930	350	510	15	11	872	7118	0.122
11	2014.7.23 20:00	5310	3090	1360	870	307	254	999	12190	0.082
12	2014.9.20 12:00	5070	3130	1520	710	500	300	998	12228	0.082
13	2015.7.30 11:00	800	1130	1220	340	30	50	610	4180	0.146
14	2015.7.2 5:00	2600	900	900	406	87	52	763	5708	0.134
15	2015.8.5 11:00	3970	1000	915	526	126	62	895	7494	0.119
16	2015.9.14 12:00	610	150	270	3150	140	35	703	5058	0.139

数据来源:广西南宁水文中心。

（三）相关模型

1. 合成流量与合成流量系数关系模型建立

二阶合成流量模型的区间流量 Q_x 的计算如下：

在表 5-1-2 的合成流量 Q_{ab} 取小、中、大流量分别相应合成流量系数 K_x，即 Q_x 为 400,900,14600 分别相应 0.15,0.11,0.06，建立关系式为

$$K_x = -0.000008Q_{ab} + 0.17944 \qquad (5-1-4)$$

$$Q_x = K_x \cdot Q_{ab} \qquad (5-1-5)$$

其中，K_x 为合成流量系数，Q_x 为区间流量（m^3/s），Q_{ab} 为合成流量（m^3/s）。

二阶合成流量模型的合成流量系数 K_c 的计算如下：

计算 $K_z = Q_{ab}/Q_c$，以合成流量 Q_{ab} 与合成流量系数 K_z 建立相关，得二阶合成流量与合成流量系数关系模型（见图 5-1-1）如下：

$$K_c = -0.00002Q_{ab} + 1.07168 \qquad (5-1-6)$$

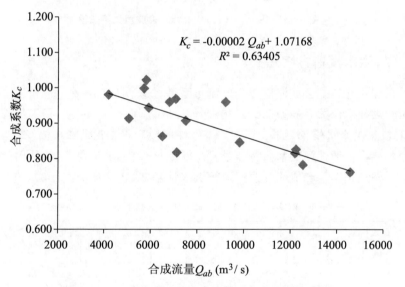

图 5-1-1　南宁（三）站合成流量～合成系数关系线图

2. 合成流量与洪峰水位关系模型建立

二阶合成流量模型的预测合成流量 Q_t 的计算如下：

$$Q_t = K_c \cdot Q_{ab} \qquad (5-1-7)$$

以南宁（三）站实测洪峰流量 Q_c 与洪峰水位 Z_m 建立相关，得二阶合成流量与洪峰水位关系模型（见图 5-1-2）如下：

$$Z_t = 0.00116Q_t + 63.13668 \qquad (5-1-8)$$

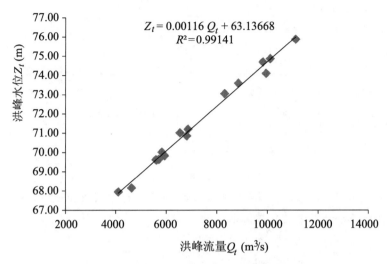

图 5－1－2　南宁(三)站洪峰水位流量关系线图

四、洪水预警方案建立

根据建立二阶合成流量与合成流量系数关系模型(5－1－6)和二阶合成流量与洪峰水位关系模型(5－1－8)进行计算,所得南宁(三)站预测洪峰水位Z_t和校正洪峰水位 Z_s,按 $Z_s = Z_t + 0.10$ 计算,将校正洪峰水位 Z_s 与对照广西壮族自治区江河洪水预警信号发布标准,得出洪水预警等级,从而建立南宁(三)站应用二阶合成流量模型进行洪水预警方案(见表 5－1－3)。

表 5－1－3　南宁(三)站应用二阶合成流量模型进行洪水预警方案

洪号	合成 Q_{ab}	南宁 Q_c	洪峰 Z_m	系数 K_z	系数 K_c	南宁 Q_t	预测 Z_t	校正 Z_s	误差 S	预见期 T	预警 Z_y	等级
1	9208	8840	73.60	0.960	0.888	8172	72.62	72.72	－0.88	48h	72.5	黄色
2	14567	11100	75.89	0.762	0.780	11367	76.32	76.42	0.54	48h	76.5	橙色
3	12532	9810	74.70	0.783	0.821	10290	75.07	75.17	0.47	48h	75.0	橙色
4	5802	5930	69.83	1.022	0.956	5544	69.57	69.67	－0.16	48h	69.5	蓝色
5	6498	5610	69.61	0.863	0.942	6119	70.24	70.34	0.73	48h	70.5	蓝色
6	6800	6530	71.02	0.960	0.936	6363	70.52	70.62	－0.40	48h	71.5	蓝色
7	9810	8300	73.06	0.846	0.875	8589	73.10	73.20	0.14	48h	73.0	黄色
8	7068	6850	71.21	0.969	0.930	6576	70.76	70.86	－0.35	48h	71.0	蓝色
9	5911	5580	69.63	0.944	0.953	5636	69.67	69.77	0.14	48h	70.0	蓝色

续表

洪号	合成 Q_{ab}	南宁 Q_c	洪峰 Z_m	系数 K_z	系数 K_c	南宁 Q_t	预测 Z_t	校正 Z_s	误差 S	预见期 T	预警 Z_y	等级
10	7118	5820	70.02	0.818	0.929	6615	70.81	70.91	0.89	48h	71.0	蓝色
11	12190	9940	74.11	0.815	0.828	10092	74.84	74.94	0.83	48h	75.0	橙色
12	12228	10100	74.87	0.826	0.827	10114	74.87	74.97	0.10	48h	75.0	橙色
13	4180	4100	67.95	0.981	0.988	4130	67.93	68.03	0.08	48h	68.0	不发
14	5708	5700	69.64	0.999	0.958	5466	69.48	69.58	−0.06	48h	69.5	蓝色
15	7494	6800	70.86	0.907	0.922	6908	71.15	71.25	0.39	48h	71.0	蓝色
16	5058	4620	68.16	0.913	0.971	4909	68.83	68.93	0.77	48h	69.0	蓝色

五、洪水预警方案应用

南宁(三)站 2016 年 8 月 14—20 日,因受强降雨及台风"电母"影响,郁江流域普降大到暴雨,郁江上游左、右江出现两次洪水。根据南宁(三)站应用二阶合成流量模型进行洪水预警方案,提前 48 小时分别计算预测出 8 月 16 日和 19 日两次洪峰水位为 69.63m 和 70.17m,大于 69.40m 的洪水蓝色级别(见表 5—1—4、表 5—1—5),即时发布南宁河段洪水蓝色预警信号,比原预报方案提前 24 小时发布,预测洪峰水位误差分别为 0.43m、−0.08m,预测合格率 100%。

表 5—1—4   南宁(三)站实用洪水预测计算表

洪号	时间	龙州 Q_{a1}	宁明 Q_{a2}	新和 Q_{a3}	百色 Q_{b1}	荣华 Q_{b2}	英竹 Q_{b3}	区间 Q_x	合成 Q_{ab}	系数 K_c
1601	2016.8.16 15:00	1730	1510	1320	170	209	55	768	5762	0.956
1602	2016.8.19 20:00	1830	1630	1300	480	209	55	814	6318	0.945

表 5—1—5   南宁(三)站实用洪水预警表

洪号	合成 Q_{ab}	系数 K_c	南宁 Q_t	预测 Z_t	校正 Z_s	预见期 T	预警 Z_y	等级	实测 Z_m	误差 S	评定
1601	5762	0.956	5511	69.53	69.63	48h	69.5	蓝色	69.20	0.43	合格
1602	6318	0.945	5973	70.07	70.17	48h	70.0	蓝色	70.25	−0.08	合格

六、结论

二阶合成流量模型是在原有的预报方案基础上，进行预报技术延伸，解决预报预见期短，因而影响洪水预警的时效性的问题。本着在预报准的前提下，创新方法探索延长预见期。二阶合成流量模型在南宁站洪水预警中进行应用，并取得了成功。二阶合成流量法实用简单，预测准度高。由于二阶合成流量法是新方法，因预见期长而受预见期内降水影响则多，因此，预报分析时要考虑因降水补充来水量。

第二节　中长期水位预测移动分析法模型

在多年的科研和实际防汛工作中，我国的洪水预报在基础理论、技术方法和实际经验上取得了巨大成绩，特别是"98 年特大洪水"以后，洪水预报在预报方法、系统建设、作业管理及新技术应用等方面有了新的进展[48]。目前，比较成熟和应用比较广泛的洪水预报方法是基于大气环流、海洋潮汐、各种地球物理因子和下垫面产流汇流条件等物理成因分析基础上的经验方法，如新安江、马斯京根模型等短期预报方法[49]。中长期的水文预报与天气气候、气象预报紧密关联，而影响长期天气过程变化的成因极为复杂，且受各种不确定因子的制约，还与适用的数理统计方法或大数据分析理论有关，在国内外尚属探索中的课题。

国内在中长期水文预报方法的研究方面有许多文献，如：汤成友等人的"现代中长期水文预报方法及其应用""周期均值叠加法在长江寸滩站中长期水文预报中的应用""水文时间序列逐步回归随机组合预测模型及其应用"，李崇浩等人的"水文周期迭加预报模型的改进及应用"，许定雄的"关于中长期水文预报方法的研究"。有些文献中利用方差分析周期外推方法，提出了改进的正规化周期回归模型，即利用非线性回归消除模型的趋势项，利用正规化方程组进行方差分析，完成对周期项的识别提取，进而利用趋势项与周期项进行模拟和预测。在原有方差分析的基础上，根据前人所做的工作，对原来存在的不合理之处试图进行一些适当的改进，旨在探求一种较为方便，又比较容易操作的实用性水文预测方法。由于常用方差分析法在中长期预测技术中的单一性预测方案无第二方案备用，供选预测方案合格率基本偏低，致使方差分析法在中长期水文预测的效果不理想，预测精度低。目前，国内在中长期水文预测技术方面进行改进，探索用两种方法组合预报模型的方法，即，基于数理统计的相关理论以及中长期水文预测技术改进的研究思路，采用移动步长法和方差分析法进行组合，以优选分析方式形成移动分析法。

一、方法创建

采用移动步长法把原年最高水位系列分成十几到几十个分系列，通过方差分析法计算得到年最高水位预测方案，经过优选对比法优选方案，以优选率高的方案作为年最高水位预测最佳方案，再以年最高水位预测最佳方案计算得到中长期水位预测值，由此创建移动分析法。移动分析法是在方差分析法的基础上改进的，加入移动步长法和优选对比法组合一体化的中长期水位预测方法。

移动分析法采用电脑编程应用软件将原数据系列录入，首先用移动步长法分成多组数据系列，然后用方差分析法分别对各组数据系列进行计算，得到相应数据系列的预测方案，再用优选率模块进行各预测方案的合格率、准确率计算优选率，以优选率进行方案优选，采用优中选优，从各分组数据系列优选方案排列第 1～5 预测值，取 5 个预测值的平均值为采用预测值。

（一）基本概念

移动步长法是对某一事件已出现的数值系列，用设定的步长移动，按原序号建立相应的数值系列 N 的方法。方差分析法又称 F 检验，是对试验数据进行分析，检验方差相等的多个正态总体均值是否相等，进而判断各因素对试验指标的影响是否显著的方法，用于评价总变动性来自每一变动源中各分组显著性的一种统计技术。根据影响试验指标条件的个数可以区分为单因素、双因素和多因素等方差分析。移动分析法采用单因素方差分析。

（二）基本依据

1. 移动步长法

移动步长法的表达式

$$L = y + 1 \tag{5-2-1}$$

其中，L 为移动步长，y 为移动步长递增数，$y = n + 1, n = 0, 1, 2, 3, 4, 5$。

2. 方差分析

方差分析用于分析多个处理（正态总体）样本平均数差别的显著性检验问题，本书用于评价总变动性来自每一变动源中各分组的显著性，方差分析的基本原理是认为不同处理组的均值间的差别基本来源有两个：

（1）实验条件。不同的处理造成的差异，称为组间差异。用变量在各组的均值与总均值之偏差平方和的总和表示，称为组间平方和，记为 S_A，组间自由度记为 d_1。

（2）随机误差。测量误差造成个体间的差异，称为组内差异。用变量在各组的均值与该组内变量值之偏差平方和的总和表示，称为组内平方和，记为

S_E，组内自由度记为 d_2。

总偏差平方和

$$S_T = S_A + S_E$$

S_A，S_E 除以各自的自由度（$d_1 = k - 1$，$d_2 = n - k$，其中 n 为样本总数，k 为组数），得到组间均方 $\bar{S}_A$ 和组内均方 $\bar{S}_E$。$\bar{S}_A$ 和 $\bar{S}_E$ 的关系有两种情况：一种情况是处理没有作用，即各组样本均来自同一总体，$\bar{S}_A / \bar{S}_E \approx 1$；另一种情况是处理确实有作用，组间均方是由于误差与不同处理共同导致的结果，即各样本来自不同总体，那么，$\bar{S}_A \gg \bar{S}_E$（远远大于）。

记 $F = \bar{S}_A / \bar{S}_E$，比值构成 F 分布。用 F 值与其临界值比较，推断各样本是否来自相同的总体。

相关公式主要有以下两种：

①平均数公式。公式为

$$\bar{x} = \frac{x_1 + x_2 + \cdots + x_n}{n} \tag{5-2-2}$$

其中，$\bar{x}$ 表示这组数据平均数，n 表示这组数据个数，$x_1, x_2, \cdots, x_n$ 表示这组数据具体数值。

②均方差公式。公式为

$$S^2 = \frac{(x_1 - \bar{x})^2 + (x_2 - \bar{x})^2 + \cdots + (x_n - \bar{x})^2}{n - 1} \quad \text{或} \quad S^2 = \frac{1}{n - 1} \sum_{i=1}^{n} (x_i - \bar{x})^2 \tag{5-2-3}$$

其中，S 表示这组数据均方差。

3. 方差分析的改进

由方差分析改进得到周期迭加预报，周期迭加预报是中长期水文预报的一种实用模型[50]。针对该模型中用方差分析方法无法处理而舍弃的最终残余系列，提出最终余波概念及相应的分析方法，实现对最终余波的信息挖掘利用[51]。

一般而论，一个水文要素序列 $X(t)$ 包含有趋势成分 $P_i(t)$、周期成分 $C(t)$、相依成分 $n(t)$ 和独立随机成分 $\varepsilon(t)$。具体计算公式如下：

$$X(t) = \sum_{i=1}^{l} P_i(t) + \varepsilon(t) \tag{5-2-4}$$

其中，$P_i(t)$ 为第 i 周期波；$\varepsilon(t)$ 为误差项；l 是 $X(t)$ 的 $i = 1, 2, \cdots, n$ 中 n 的代用字母，$l = n$。

（三）方差 F 检验

本研究在对南宁、崇左、龙州等水文站历年年最高水位系列进行周期显著性普查时，采用方差 F 检验，要分析南宁水文站历年年最高水位序列的周期，就是要分析其中的周期成分 $C(t)$ 项。具体计算公式如下：

$$F = \frac{\dfrac{S_A}{d_1}}{\dfrac{S_E}{d_2}} = \frac{B_l - C}{A - B_l} \times \frac{d_2}{d_1} \tag{5-2-5}$$

$$S_A = \sum_{i=1}^{l} \frac{1}{k} \left(\sum_{j=1}^{k} X_{ij} \right)^2 - \frac{1}{n} \left(\sum_{i=1}^{n} X_i \right)^2 = B_l - C \tag{5-2-6}$$

$$S_E = \sum_{i=1}^{l} \sum_{j=1}^{k} X_{ij}^2 - \sum_{i=1}^{l} \frac{1}{k} \left(\sum_{j=1}^{k} X_{ij} \right)^2 = A - B_l \tag{5-2-7}$$

式中：

$$A = \sum_{i=1}^{l} \sum_{j=1}^{k} X_{ij}^2, \quad B_l = \sum_{i=1}^{l} \frac{1}{k} \left(\sum_{j=1}^{k} X_{ij} \right)^2, \quad C = \frac{1}{n} \left(\sum_{i=1}^{n} X_i \right)^2$$

k 表示第 i 组的项数。

二、预测方案建立

（一）方案条件

移动分析预测方案建立主要满足以下两个条件：

1. 数据系列满足 $N \geqslant 20$ 个样本。技术要求每个方案等于大于 20a 系列，以中长水文预报的数据系列代表性。

2. 移动步长数为 $2 \leqslant L \leqslant 10$。技术要求数据系列满足建立 10 个以上的预测方案，目的是通过优选方案，提高方案的合格率和准确率。方法是用不同的移动步长进行试算后，选择优选移动步长数范围。本研究设定最大移动步长数 $L = 10$，做 10 个方案，并需包括大水年、平水年和小水年。因此，每个方案等于大于 20a 系列。

设定依据：根据 GB/T22482—2008《水文情报预报规范》规定：编制预报方案所引用的水文资料，应有足够的代表性，一般不得少于 10a 系列，并需包括大水年、平水年和小水年。

（二）关键技术

1. 采用移动步长法进行方案分组数据系列计算

采用移动步长法，对原数据系列 N 进行计算，计算公式如下：

$$h_i = m + L_i \times p_i \tag{5-2-8}$$

其中，h_i 为新系列开始数；m 为原始数据系列开始数；L_i 为移动步长数，$i = 1, 2, \cdots, 9$；p_i 为新系列序号。

以南宁水文站 1936—2017 年年最高水位系列为例，按式（5-2-8）分别进行移动步长数（$L_i = 2, 3, 4, 5, 6$）分系列计算结果如表 5-2-1 所示。

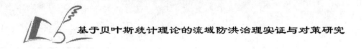

表5-2-1　南宁水文站1936—2017年年最高水位系列移动步长数2~6系列计算表

序号 P_2	系列 L_2	总数 (a)	序号 P_3	系列 L_3	总数 (a)	序号 P_4	系列 L_4	总数 (a)	序号 P_5	系列 L_5	总数 (a)	序号 P_6	系列 L_6	总数 (a)
0	1936—2017	82	0	1936—2017	82	0	1936—2017	82	0	1936—2017	82	0	1936—2017	82
1	1938—2017	80	1	1939—2017	79	1	1940—2017	78	1	1941—2017	77	1	1942—2017	76
2	1940—2017	78	2	1942—2017	76	2	1944—2017	74	2	1946—2017	72	2	1948—2017	70
3	1942—2017	76	3	1945—2017	73	3	1948—2017	70	3	1951—2017	67	3	1954—2017	64
4	1944—2017	74	4	1948—2017	70	4	1952—2017	66	4	1956—2017	62	4	1960—2017	58
5	1946—2017	72	5	1951—2017	67	5	1956—2017	62	5	1961—2017	57	5	1966—2017	52
...	...	...	...	...	...	...	...	...	...	...	...	...	...	...
29	1994—2017	24	18	1990—2017	28	13	1988—2017	30	10	1986—2017	32	8	1984—2017	34
30	1996—2017	22	19	1993—2017	25	14	1992—2017	26	11	1991—2017	27	9	1990—2017	28
31	1998—2017	20	20	1996—2017	22	15	1996—2017	22	12	1996—2017	22	10	1996—2017	22

表 5-2-2　南宁水文站 1936—2017 年最高水位系列移动步长数 $L_1=2$ 系列计算表

序号 P_0	系列 h_0	序号 P_1	系列 h_1	序号 P_2	系列 h_2	序号 P_5	系列 h_5	省略 $h_6 \sim h_{28}$	序号 P_{29}	系列 h_{29}	序号 P_{30}	系列 h_{30}	序号 P_{31}	系列 h_{31}
1	1936	1	1938	1	1940	1	1942	…	1	1994	1	1996	1	1998
2	1937	2	1939	2	1941	2	1943	…	2	1995	2	1997	2	1999
3	1938	3	1940	3	1942	3	1944	…	3	1996	3	1998	3	2000
4	1939	4	1941	4	1943	4	1945	…	4	1997	4	1999	4	2001
5	1940	5	1942	5	1944	5	1946	…	5	1998	5	2000	5	2002
6	1941	6	1943	6	1945	6	1947	…	6	1999	6	2001	6	2003
7	1942	7	1944	7	1946	7	1948	…	7	2000	7	2002	7	2004
8	1943	8	1945	8	1947	8	1949	…	8	2001	8	2003	8	2005
9	1944	9	1946	9	1948	9	1950	…	9	2002	9	2004	9	2006
10	1945	10	1947	10	1949	10	1951	…	10	2003	10	2005	10	2007
…	…	…	…	…	…	…	…	…	…	…	…	…	…	…
76	2011	74	2011	72	2011	70	2011	…	18	2011	16	2011	14	2011
77	2012	75	2012	73	2012	71	2012	…	19	2012	17	2012	15	2012
78	2013	76	2013	74	2013	72	2013	…	20	2013	18	2013	16	2013
79	2014	77	2014	75	2014	73	2014	…	21	2014	19	2014	17	2014
80	2015	78	2015	76	2015	74	2015	…	22	2015	20	2015	18	2015
81	2016	79	2016	77	2016	75	2016	…	23	2016	21	2016	19	2016
82	2017	80	2017	78	2017	76	2017	…	24	2017	22	2017	20	2017

数据来源：广西南宁水文中心。

由表 5－2－1 计算得到,南宁水文站 1936—2017 年年最高水位系列移动步长数 L_i＝2,3,4,5,6 分系列分别是 32,21,16,13,11 个计算方案,根据中长期水文预报方案的要求,设定参与方案分析计算的数据数 20 个以上,确保方案的代表性和可信度。假设某个站从 1981 年起有实测数据,则系列为 1981—2017 共 37 年,采用移动步长数 L＝8,只有 1981—2017,1989—2017,1997—2017 年 3 个方案,3 个方案难以做方案优选,不能提高预报方案的合格率和准确率。南宁水文站 1936—2017 年年最高水位系列的分系列预报方案在 10 个以上,每个方案均在 20a 系列以上。

以南宁水文站 1936—2017 年最高水位系列,移动步长数 L_1＝2 分系列进行计算,共计算得 32 个方案,具体如表 5－2－2 所示。

由表 5－2－2 可得,P_i 为新系列序号,计算南宁水文站 1936—2017 年年最高水位系列移动步长数 L_1＝2 分系列 h_i 共 32 个系列方案,每个方案均在 20a 系列以上。

采用方差分析法对南宁水文站 1936—2017 年年最高水位系列移动步长数 L_1＝2,P＝30 的分系列进行预报。分系列 h_{30}＝1936＋2×27＝1990,即分系列为 1990—2017 年年最高水位系列,计算结果如表 5－2－3 所示。

表 5－2－3　南宁水文站 1990—2017 年年最高水位方差分析法预测计算表

序号	年份	实测水位(m)	分析水位(m)			预测水位(m)		是否合格
			1 周期值	2 周期值	3 周期值	预报	误差	
1	1990	69.44	68.99	0.79	0.28	70.06	−0.62	是
2	1991	71.38	73.66	−1.08	−0.86	71.72	−0.34	是
3	1992	74.76	73.84	1.94	−0.95	74.83	−0.07	是
4	1993	69.08	70.29	−1.12	−0.23	68.94	0.14	是
5	1994	75.92	74.05	0.45	0.83	75.33	0.59	是
6	1995	71.00	71.08	−0.61	0.15	70.62	0.38	是
7	1996	73.02	72.25	0.62	0.82	73.69	−0.67	是
8	1997	71.86	69.91	0.99	1.08	71.98	−0.12	是
9	1998	71.34	73.61	−2.25	−0.67	70.69	0.65	是
10	1999	69.60	69.72	0.79	−0.89	69.62	−0.02	是
11	2000	67.91	68.99	−1.08	−0.61	67.30	0.61	是
12	2001	77.94	73.66	1.94	1.94	77.54	0.40	是
13	2002	73.69	73.84	−1.12	0.28	73.00	0.69	是
14	2003	70.56	70.29	0.45	−0.86	69.88	0.68	是
15	2004	71.37	74.05	−0.61	−0.95	72.49	−1.12	是

续表

序号	年份	实测水位 (m)	分析水位(m)			预测水位(m)		是否 合格
			1周期值	2周期值	3周期值	预报	误差	
16	2005	71.36	71.08	0.62	−0.23	71.47	−0.11	是
17	2006	73.49	72.25	0.99	0.83	74.07	−0.58	是
18	2007	67.42	69.91	−2.25	0.15	67.81	−0.39	是
19	2008	75.89	73.61	0.79	0.82	75.22	0.67	是
20	2009	69.83	69.72	−1.08	1.08	69.72	0.11	是
21	2010	69.61	68.99	1.94	−0.67	70.26	−0.65	是
22	2011	71.65	73.66	−1.12	−0.89	71.65	0.00	是
23	2012	73.06	73.84	0.45	−0.61	73.68	−0.62	是
24	2013	71.22	70.29	−0.61	1.94	71.62	−0.40	是
25	2014	74.87	74.05	0.62	0.28	74.95	−0.08	是
26	2015	70.87	71.08	0.99	−0.86	71.21	−0.34	是
27	2016	70.25	72.25	−2.25	−0.95	69.05	1.20	是
28	2017	70.44	69.91	0.79	−0.23	70.47	−0.03	是

从表 5−2−3 可得,预报值误差绝对值等于小于允许误差为合格,否则为不合格,南宁水文站 1990—2017 年年最高水位方案合格率为 100%,水位变幅 ΔZ =77.94−67.42=10.52m,允许误差=20%×10.52=2.10m。2017 年年最高水位预报值 70.47m,实测值 70.44m,准确率 $K_z = (1−\delta/\Delta Z) \times 100\% =[1−(70.47−70.44)/10.52]\times100\%=99.7\%$。差值 δ 为绝对误差的绝对值。

表 5−2−3 中的 1,2,3 周期值计算方法如下:用方差 F 检验公式对南宁水文站 1990—2017 年的 28 年年最高水位序列 $X(n)$ 进行周期普查,依次按 2,3,…,$n/2$ 进行排列,分别计算 F 值,再从 2～$n/2$ 中选取 F 值最大那个年,作为第 1 周期,同时组成一个序列。其次,将原序列减去该序列得到残余序列,再重复上述步骤,普查 3 个周期。经计算得:第 1 周期 $l_1 = 10$,F_1 = 2.708;第 2 周期 $l_2 = 9$,$F_2 = 3.421$;第 3 周期 $l_3 = 12$,$F_3 = 3.783$;由此可知,$F > 0.5$,则序列显著存在周期。

表 5−2−3 所示为南宁水文站 1936—2017 年年最高水位系列移动步长数 $L_1 = 2$,$P = 30$ 的方差分析预测计算成果,对各移动步长 $L = 3～6a$ 系列的方差分析预测计算因计算方法相同,在此不列出。崇左、龙州水文站按照南宁水文站的计算方法,分别对崇左、龙州水文站各移动步长 $L = 2～6a$ 系列的方差分析预测计算,崇左和龙州水文站各移动步长 $L = 2～6a$ 的方差分析预测计算成果表在此不列出。

2. 计算优选率

移动分析法采用优选方式选出最佳预测方案、最优预测值,因此,移动分析法以水位预测方案平均合格率和预测值的准确率计算优选率。计算公式为

$$K_c = aK_v + bK_z \qquad (5-2-9)$$

其中,K_c 为方案优选率(%);K_v 为方案合格率(%);K_z 为预测准确率(%);a 为合格率的优选率加权数,$a = 0.5\sim1.0$;b 为准确率的优选率加权数,$b = 0.1\sim0.5$。

按式(5-2-9)优选率 K_c 为 K_v 和 K_z 的算术平均值,即

$$K_c = \frac{K_v + K_z}{2} = 0.5K_v + 0.5K_z$$

优选率加权数 a 和 b 都是相等的,即 $a + b = 0.5 + 0.5 = 1.0$。

移动分析法以提高预测方案合格率为目的,为了区分多个方案合格率相同(合格率100%),在第1选项合格率之后,加入第2选项系列尾数预测值的准确率作评估参数,将 K_v 和 K_z 分别乘以优选率加权数 a,b,计算得 K_c。本案例水位预测方案 K_v 为主要分量,则合格率的优选率加权数 a 取值大于0.5,准确率的优选率加权数 b 取值小于0.5,则选用方案 K_c 计算比值系数是0.6:0.4 和 0.7:0.3。

分别计算 0.6:0.4 和 0.7:0.3 的平均优选率 K_c,并进行比较,以 K_c 大的作为优选比值系数。

3. 计算预测值

采用方差分析法计算得到各分组数据系列优选方案的预测值,从各分组数据系列第 2~6 移动步长年方案各选 1 个优选率最高、排序第一的方案预测值,采取 5 个预测值的平均值为采用预测值。

因而,年最高水位预测值为

$$Z_v = (Z_2 + Z_3 + Z_4 + Z_5 + Z_6)/5 \qquad (5-2-10)$$

其中,Z_v 为年最高水位预测值,Z_2,Z_3,Z_4,Z_5,Z_6 分别为第 2~6 系列移动步长年优选率最高、排序第一的方案预测值。

三、应用案例分析

以西江流域南宁、崇左、龙州等 3 个水文站的年最高水位系列年为例,年最高水位系列年分别是 1936—2017,1954—2017,1946—2017,将年最高水位系列年按移动步长法式(5-2-8)计算重组系列,计算步骤如表 5-2-1 至表 5-2-3,采用方差分析法分别对南宁、崇左、龙州等 3 个水文站年最高水位系列计算得各个方案的合格率和准确率。

在同样条件下,采用移动分析法分别建立南宁、崇左、龙州水文站年最高水位预测方案,采用移动步长法分别计算第 2~6 移动步长年年最高水位分系

列,采用方差分析法(采用第 1～3 周期)计算第 2～6 移动步长年年最高水位分系列预测值,从而建立各分系列预测方案,根据最优预测方案计算 2018 年年最高水位预测值。

1. 计算移动步长年方案优选率

根据南宁(1936—2017 年)、崇左(1954—2017 年)、龙州(1946—2017 年)等 3 个水文站年最高水位数据系列,采用移动分析法计算,按优选方案分别计算第 2～6 移动步长年的水位预测值。南宁、崇左、龙州等 3 个水文站的水位变幅分别为 ΔZ_1、ΔZ_2、ΔZ_3,分别计算:$\Delta Z_1 = 77.94 - 67.42 = 10.52\text{m}$(2001—2007 年),允许误差 $=10.52 \times 20\% = 2.10\text{m}$;$\Delta Z_2 = 107.66 - 92.57 = 15.09\text{m}$(2008—1987 年),允许误差 $=15.09 \times 20\% = 3.02\text{m}$;$\Delta Z_3 = 126.09 - 111.25 = 14.84\text{m}$(1986—1976 年),允许误差 $= 14.84 \times 20\% = 2.97\text{m}$。分别计算优选率权数 $a = 0.6$,$b = 0.4$,$a = 0.7$,$b = 0.3$,由南宁、崇左、龙州等 3 个水文站的计算结果比较得,优选率权数均采用 $a = 0.7$,$b = 0.3$。

南宁水文站采用移动分析法预测 1936—2017 年年最高水位,计算表如表 5—2—4 所示。

根据表 5—2—4 中南宁水文站 1936—2017 年年最高水位系列移动步长数 $L = 2$,$P = 32$ 方案所得的成果,可分别得出移动步长数 $L = 2 \sim 6a$ 的方案计算成果。

由表 5—2—4 中,从排列 1～5 的优选率 K_c 比较可知,按 0.6∶0.4 计算得出的优选率 K_c 比按 0.7∶0.3 计算得出的 K_c 小,则计算得出的平均优选率也比按 0.6∶0.4 计算得出的值小,因此方案采用 0.7∶0.3 计算优选率 K_c。

按照南宁水文站的计算方法的步骤,分别对崇左、龙州水文站各移动步长 $L = 2 \sim 6a$ 的系列优选得 5 个优选率排在第 1～5 名的系列方案,崇左和龙州站各移动步长 $L = 2 \sim 6a$ 的计算方法相同,故此成果在此不列出。

2. 采用移动分析法优选方案

南宁水文站采用移动分析法预测 1936—2017 年年最高水位,其中 1990—2017 年方案优选率最高,$K_c = 99.9\%$,排序第一,则选为最优方案。

崇左水文站采用移动预测法预测 1954—2017 年年最高水位,其中 1993—2017 年方案优选率最高,方案优选率 $K_c = 98.4\%$,排序第一,则选为最优方案。

龙州水文站采用移动预测法预测 1946—2017 年年最高水位,其中 1996—2017 年方案优选率最高,方案优选率 $K_c = 99.1\%$,排序第一,则选为最优方案。

南宁、崇左、龙州水文站采用移动分析法预测年最高水位优选方案统计表如表 5—2—5 所示。

由表 5—2—5 可知,南宁、崇左、龙州水文站采用移动分析法计算年最高水位时,按 0.7∶0.3 计算得出的 K_c 最高。

表5—2—4 南宁水文站采用移动分析预测法预测1936—2017年年最高水位计算表

序号	系列年份	总数	水位变幅 ΔZ (m)	预测2017年水位(m)			合格率 K_v (%)	准确率 K_z (%)	优选率 K_c (%)		排序
				实测	预测	差值 δ			0.6:0.4	0.7:0.3	
1	1936—2017	82	10.52	70.44	70.21	0.23	78.0	97.8	85.9	83.9	
2	1938—2017	80	10.52	70.44	71.26	0.82	90.0	92.2	90.9	90.7	
3	1940—2017	78	10.52	70.44	71.08	0.64	89.0	93.9	91.0	90.5	
4	1942—2017	76	10.52	70.44	71.07	0.63	90.0	94.0	91.6	91.2	
5	1944—2017	74	10.52	70.44	69.85	0.59	91.0	94.4	92.4	92.0	
6	1946—2017	72	10.52	70.44	71.37	0.93	94.0	91.2	92.9	93.1	
7	1948—2017	70	10.52	70.44	68.71	1.73	88.0	83.6	86.2	86.7	
8	1950—2017	68	10.52	70.44	68.81	1.63	88.0	84.5	86.6	87.0	
9	1952—2017	66	10.52	70.44	68.88	1.56	87.0	85.2	86.3	86.5	
10	1954—2017	64	10.52	70.44	68.88	1.56	93.0	85.2	89.9	90.7	
11	1956—2017	62	10.52	70.44	68.88	1.56	91.0	85.2	88.7	89.3	
12	1958—2017	60	10.52	70.44	68.93	1.51	93.0	85.6	90.1	90.8	
13	1960—2017	58	10.52	70.44	69.06	1.38	82.0	86.9	84.0	83.5	
14	1962—2017	56	10.52	70.44	68.92	1.52	94.0	85.6	90.6	91.5	
15	1964—2017	54	10.52	70.44	72.20	1.76	90.0	83.3	87.3	88.0	

续表

序号	系列年份	总数	水位变幅 ΔZ (m)	预测 2017 年水位 (m)			合格率 K_v (%)	准确率 K_z (%)	优选率 K_c (%)		排序
				实测	预测	差值 δ			0.6:0.4	0.7:0.3	
16	1966—2017	52	10.52	70.44	70.94	0.50	100.0	95.2	98.1	98.6	5
17	1968—2017	50	10.52	70.44	68.65	1.79	80.0	83.0	81.2	80.9	
⋮	⋮	⋮	⋮	⋮	⋮	⋮	⋮	⋮	⋮	⋮	⋮
25	1984—2017	34	10.52	70.44	72.51	2.07	100.0	80.3	92.1	94.1	
26	1986—2017	32	10.52	70.44	72.13	1.69	100.0	83.9	93.6	95.2	
27	1988—2017	30	10.52	70.44	70.63	0.19	76.0	98.2	84.9	82.7	
28	1990—2017	28	10.52	70.44	70.47	0.03	100.0	99.7	99.9	99.9	1
29	1992—2017	26	10.52	70.44	70.52	0.08	100.0	99.2	99.7	99.8	2
30	1994—2017	24	10.52	70.44	71.01	0.57	100.0	94.6	97.8	98.4	4
31	1996—2017	22	10.52	70.44	70.76	0.32	100.0	97.0	98.8	99.1	4
32	1998—2017	20	10.52	70.44	70.31	0.13	100.0	98.8	99.5	99.6	3
平均							91.3	89.7	90.7	90.8	

表5-2-5 南宁、崇左、龙州水文站采用移动分析法预测年最高水位优选方案统计表

站名	序号	系列年份	移动步长	系列总数	预测水位(m)		误差(%)	合格率 K_v (%)	准确率 K_z (%)	优选率 K_c (%)		综合排序
					水位	差值				0.6:0.4	0.7:0.3	
南宁	1	1990—2017	2	28	70.47	0.03	0.3	100.0	99.7	99.9	99.9	1
	2	1996—2017	3	22	70.76	0.32	3.0	100.0	97.0	98.8	99.1	4
	3	1992—2017	4	26	70.52	0.08	0.8	100.0	99.2	99.7	99.8	2
	4	1991—2017	5	27	70.54	0.10	1.0	100.0	99.0	99.6	99.7	3
	5	1996—2017	6	22	70.76	0.32	3.0	100.0	97.0	98.8	99.1	4
	平均				70.61			100.0	98.4	99.4	99.5	
崇左	1	1994—2017	2	24	93.90	0.87	5.8	100.0	94.2	97.7	98.2	3
	2	1993—2017	3	25	93.81	0.78	5.2	100.0	94.8	97.9	98.4	1
	3	1994—2017	4	24	93.90	0.87	5.8	100.0	94.2	97.7	98.3	2
	4	1974—2017	5	44	92.26	0.77	5.1	97.0	94.9	96.2	96.4	5
	5	1996—2017	6	22	94.29	1.26	8.3	100.0	91.7	96.7	97.5	4
	平均				93.63			99.4	94.0	97.2	97.8	
龙州	1	1996—2017	2	22	113.17	0.44	85.7	100.0	97.0	98.8	99.1	1
	2	1994—2017	3	24	113.59	0.86	82.8	100.0	94.1	97.6	98.2	2
	3	1998—2017	4	20	112.06	0.67	85.1	95.0	95.4	95.2	95.1	3
	4	1974—2017	5	44	115.60	2.87	69.8	100.0	80.7	92.3	94.2	4
	5	1994—2017	6	24	113.59	0.86	82.8	100.0	94.1	97.6	98.2	2
	平均				113.60			99.0	92.3	96.3	97.0	

四、优选年最高水位预测值计算

从优选南宁、崇左、龙州水文站第 2～6 移动步长年方案各选 1 个优选率最高、排序第一的方案,取 5 个方案水位预测值的平均值作为水位预测值,计算结果表如表 5－2－6 至表 5－2－8 所示。

表 5－2－6　南宁水文站采用移动分析法作 2018 年年最高水位优选预测方案计算表

序号	系列年份	移动步长	系列总数	合格率 K_v(%)	准确率 K_z(%)	优选率 K_c(%)	方案排序	年最高水位(m)
1	1998—2017	2	20	100.0	98.8	99.6	4	71.63
2	1990—2017	3	28	100.0	99.7	99.9	1	73.36
3	1992—2017	4	26	100.0	99.2	99.8	2	72.64
4	1991—2017	5	27	100.0	99.0	99.7	3	72.62
5	1996—2017	6	22	100.0	97.0	99.1	5	73.05
平均				100.0	98.7	99.6		72.66

表 5－2－7　崇左水文站采用移动分析法作 2018 年年最高水位优选预测方案计算表

序号	系列年份	移动步长	系列总数	合格率 K_v(%)	准确率 K_z(%)	优选率 K_c(%)	方案排序	年最高水位(m)
1	1994—2017	2	24	100.0	94.0	98.2	3	96.36
2	1993—2017	3	25	100.0	94.8	98.4	1	98.18
3	1994—2017	4	24	100.0	94.2	98.3	2	96.36
4	1974—2017	5	44	97.0	94.8	96.3	5	103.14
5	1996—2017	6	22	100.0	91.7	97.5	4	94.88
平均				99.4	93.9	97.7		97.78

表 5－2－8　龙州水文站采用移动分析法作 2018 年年最高水位优选预测方案计算表

序号	系列年份	移动步长	系列总数	合格率 K_v(%)	准确率 K_z(%)	优选率 K_c(%)	方案排序	年最高水位(m)
1	1996—2017	2	22	100.0	97.0	99.1	1	118.88
2	1994—2017	3	24	100.0	94.1	98.2	2	114.51
3	1998—2017	4	20	95.0	95.4	95.1	3	114.70
4	1974—2017	5	44	100.0	80.7	94.2	4	114.17
5	1994—2017	6	24	100.0	94.1	98.2	2	111.93
平均				99.0	92.3	97.0		114.84

由表5－2－6至表5－2－8可知,南宁、崇左、龙州水文站采用移动分析法计算得2018年年最高水位,年最高水位预测值分别为72.66m,97.78m,114.84m。

五、预测方案评估

移动分析法在南宁、崇左、龙州水文站中长期水位预测预报应用,最突出的优点是能提供多套水位预测方案优选,经优选后得出最佳预测方案,并且预测精度高。

（一）南宁、崇左、龙州水文站2018年预测年最高水位

采用移动分析法进行南宁、崇左、龙州水文站2018年年最高水位的预测,由表5－2－6至表5－2－8可得年最高水位,最高水位精度统计表如表5－2－9所示。

表5－2－9　南宁、崇左、龙州水文站采用移动分析法预测2018年年最高水位精度统计表

站名	合格率 K_v（%）	准确率 K_z（%）	优选率 K_c（%）	年最高水位(m)		偏差 (m)	允许差 值(m)	水位变 幅(m)	准确率 （%）	合格 与否
				预测	实测					
南宁	100.0	98.7	99.6	72.66	72.28	0.38	2.10	10.52	96.4	合格
崇左	99.4	93.9	97.7	97.78	98.77	−0.99	2.90	14.60	93.2	合格
龙州	99.0	92.3	97.0	114.84	115.25	−0.41	2.20	14.84	97.2	合格
平均	99.5								95.6	

根据中华人民共和国水利部2017年4月26日《水文情报预报规范》(SD138－85)第4.2.2条规定:"许可误差,月、季水量预报:内陆及干旱地区月、季水量预报的许可误差,取实测值的20%。"即预测值准确率大于等于80%为合格,否则即为不合格。由表5－2－9可得,南宁、崇左、龙州水文站年最高水位优选方案预测值准确率均大于80%,为合格。

南宁、崇左、龙州水文站采用方差法预测2018年实测年最高水位统计表,如表5－2－10所示。

表5－2－10　南宁、崇左、龙州水文站采用方差分析法预测2018年年最高水位统计表

站名	合格率 K_v（%）	准确率 K_z（%）	优选率 K_c（%）	年最高水位(m)		偏差 (m)	允许差 值(m)	水位变 幅(m)	准确率 （%）	合格 与否
				预测	实测					
南宁	78.0	97.9	84.0	68.20	72.28	−4.08	2.10	10.52	61.3	不合格
崇左	79.0	95.5	83.9	100.70	98.77	1.93	2.90	14.60	86.8	合格
龙州	75.0	87.0	76.8	114.69	115.25	−0.56	2.20	14.84	96.2	合格
平均	77.3								81.4	

由表 5-2-10 可知,南宁水文站预测值准确率为 61.3%,为不合格;崇左、龙州水文站预测值准确率分别是 86.6%,96.2%,为合格;方案预测值平均准确率为 81.4%,合格。

(二)南宁、崇左、龙州水文站 2018 年实测年最高水位

根据南宁、崇左、龙州水文站 2018 年实测水位成果得到 2018 年年最高水位,如表 5-2-11 所示。

表 5-2-11 南宁、崇左、龙州水文站 2018 年实测年最高水位表

站名	河流	时间	水位(m)	流量(m^3/s)	水势	警戒水位(m)	特征
南宁	郁江	2018.8.6 8:00	72.22	7390	涨	73.00	—
南宁	郁江	2018.8.6 9:00	72.28	7620	平	73.00	—
南宁	郁江	2018.8.6 9:20	72.28	7620	平	73.00	洪峰
南宁	郁江	2018.8.6 10:00	72.24	7600	落	73.00	—
崇左	左江	2018.8.18 22:00	98.75	4770	涨	101.20	—
崇左	左江	2018.8.18 23:00	98.75	4770	平	101.20	—
崇左	左江	2018.8.19 0:00	98.77	4780	平	101.20	洪峰
崇左	左江	2018.8.19 1:00	98.75	4770	落	101.20	—
龙州	左江	2018.8.18 14:00	115.14	2790	落	117.20	—
龙州	左江	2018.8.18 15:00	115.19	2810	涨	117.20	—
龙州	左江	2018.8.18 16:00	115.25	2840	平	117.20	洪峰
龙州	左江	2018.8.18 17:00	115.25	2840	平	117.20	—

由表 5-2-11 可知,南宁、崇左、龙州水文站 2018 年实测年最高水位分别为 72.28m,98.77m,115.25m。

对移动分析法与方差分析法进行对比分析。从表 5-2-9 与表 5-2-11 对比分析可知,南宁、崇左、龙州水文站 2018 年移动分析法平均合格率和准确率分别为 99.5% 和 95.6%,方差分析法平均合格率和准确率分别为 77.3% 和 81.4%,移动分析法比方差分析法的年最高水位预测合格率和准确率分别高 22.2% 和 14.2%。应用结果表明,移动分析法作为改进后的方法更好地利用水文因子,提高了水位预报的精度。

六、结论

1. 对移动分析法在中长期水位预测应用中的研究,采用改进分析法进行中长期水位预测,通过南宁、崇左、龙州水文站历年最高水位分析预测,揭示了水位年际变化的规律性和不规律性。在对南宁、崇左、龙州站年最高水位进行预测时,各系列方案的合格率有高有低,有不合格,这是中长期水位预测的常见性、必然性和普遍性。在方差分析法基础上加入移动步长法的移动分析法,是一种改进分析法,以移动步长法分割出多组年最高水位系列,通过优选分析,选出合格率高的方案进行年最高水位预测分析,可得出预测精度高的预测水位值。

2. 移动分析法在中长期水位预测应用过程中,存在诸多的合格率 100% 方案不相同的水位预测值,通过加入预测年的准确率计算优选率,以优选率高优选预测方案,优上加优,得出预测精度高的水位预测值。目前研究范围只有中长期水位预测,尚未对中长期流量、洪量、径流量的预测进行分析,如果进行这些研究可能会有较多的问题需要创新方法来解决。

3. 移动分析法在中长期水位预测应用中的研究从理论上是一种方法的创新,对开辟中长期水位预测新方法具有深远的意义。移动分析法在中长期水位预测应用的价值比较大,比较适合作中长期水位预测方案,预测精度高,预见期长,可发挥预测预警水位信息的耳目作用,在经济社会建设、防灾减灾、防汛调度方面作出新贡献。

4. 移动分析法在中长期水位预测应用中的研究还要进一步深入开展,建立移动分析法的中长期水位预测预警系统,推进水文预测预警信息化建设,实现中长期水位预测预警信息化智能化,更好地为防灾减灾服务。

第三节 基于二阶合成流量模型的洪水预测预警系统 V1.0

为便于对江河洪水的流量与水位进行预测预警,基于本章第一节中所构建的二阶合成流量模型,利用 Windows 平台,采用 B/S 模式设计了一个基于二阶合成流量模型的洪水预测预警系统 V1.0(以下简称为本系统)。

本系统在 Windows 7 上进行开发,所使用的开发环境为:

- Web 服务器:IIS7;
- 数据库管理系统:SQL Server 2008;
- 开发工具:Microsoft Visual Studio 2010;

- 编程语言：ASP. NET 、C♯；
- 浏览器：IE8、360 安全浏览器 8 或其他。

本系统具有一定的通用性与灵活性，且易于推广使用，可在 Windows XP、Windows Server 2003、Windows 7 等操作系统中正常运行，能在一定程度上满足有关单位或机构在江河洪水预测预警方面的基本需求。具体的使用说明见附录 2。

本系统作为研究成果之一，已经在西江—郁江流域南宁水文站初步使用，得到了可靠性和精度更高的效果。目前，正在西江流域其他水文站点进一步推广应用。

本章小结

本章以西江—郁江流域相关水文站点为研究对象，基于贝叶斯统计与经典统计相融合的统计分析技术构建两个洪水预测预警模型：二阶合成流量模型和移动分析法模型。对于洪水流量数据，主要是把历史数据与实测数据进行贝叶斯融合后，根据新的后验数据，利用一般的经典统计方法来构建相关二阶合成流量预测预警模型。为了简化问题，只给出了基于所谓数据的二阶合成流量模型的构建方法，不区分历史数据、实测数据还是后验数据。对模型经过不断优化完善后，基于二阶合成流量模型开发的洪水预测预警系统 V1.0 已经在南宁水文站经过几个汛期的初步应用，取得了可靠性和精度更高的效果，目前，正在西江流域其他水文站点进行进一步推广应用。

第六章 | 基于贝叶斯统计理论与经典统计方法相融合的珠江—西江流域洪水重现期时空演变分析

前文对历史洪水资料的利用、洪水频率分析常用的皮尔逊－Ⅲ型分布和考虑历史洪水的贝叶斯 MCMC 洪水频率分析方法作了具体介绍。本章将以西江—郁江控制性水文站南宁站为例,基于贝叶斯统计与经典统计相融合的统计分析技术,利用皮尔逊－Ⅲ型曲线适线法,进行洪水频率计算,对南宁站洪水重现期的时空演变进行实证分析,以厘清流域洪水发生的基本规律和实际状况,为流域防洪治理提供决策依据。

第一节 研究背景

洪水灾害是影响一个地区经济社会发展的一个重要因素[52],治水一直以来是我国历朝历代进行国家治理的重大民生问题,纵观中华民族五千多年的文明发展历史,不难发现,治水顺,则国兴。洪水重现期是流域各级政府和相关单位在进行经济活动、民生布局、水利工程建设和国家基础设施建设时非常关心的一个重要问题,特别是对那些具有高价值的工程项目或重大民生工程必须考虑项目建设所处位置的洪水重现期情况,以评估项目实施以后的风险,有效规避洪水带来的重大经济损失和人民生命财产的安全隐患。事实上,由于地球气候环境演变的自身规律和人类活动的影响,流域的洪水重现期从统计学的角度来看只要流域的水文、气候、下垫面等条件发生了变化,洪水统计分布的相关参数就会发生改变,洪水的重现期也就跟着发生变化。洪水重现期的改变,洪水灾害频发,对流域经济社会发展的影响复杂深远,包括流域人民的生命财产、身体健康、经济收入、心理创伤、生态环境、生存环境,以及其他直接和间接、即时和潜伏的综合影响等。掌握珠江—西江流域洪水重现期的时空演变与发展趋势、相关因素,厘清其与地区经济社会发展的联系,分析洪水重现期在国民经济、产业发展和人民安居乐业三个维度上对珠江—西江流域各地区发展的影响,科学合理地评估洪水灾害造成的各种损失,分析洪水灾害损失对经济社会系统的影响,探索洪水重现期与经济社会系统的耦合机制[53],并通过构建经济社会脆弱性评价模型开展评价,给出针对重现期的地区反脆弱性发展策略,对于防灾减灾、恢复重建均十分重要,是灾害风险管理的基础性工作,是制定各项防洪减灾措施的重要依据,并为珠江—西江流域各地区的经济社会发展提供参考[54]。

第二节　西江流域洪水重现期的变化及原因分析

依据近代中国历史进程的时空演变、社会变迁和经济发展的不同阶段,珠江—西江流域洪水重现期的变化可分三个阶段:在 1949 年前为第一阶段,1950—1979 年为第二阶段,1980—2018 年为第三阶段。本书将从时空演变、社会变迁和经济发展去分析西江流域洪水重现期的变化和原因。珠江—西江流域中上游是我国经济欠发达的云南、贵州、广西等西南省份,下游却连接着我国经济最发达的广东珠江三角洲地区——粤港澳大湾区。近代一百多年来,中国的社会形态和经济发展几经变迁,人类活动对自然的人为干扰和气候变化导致西江流域水文水情状况几经转圜。

改革开放四十多年来,同全国一样,上游的西南省份也在不断加大流域的生态修复和水利工程建设投入,封山育林,植树造林,退耕还林,退牧还草,森林植被、河、湖、泽等生态系统逐渐得到恢复。据有关数据表明,最近几十年来,中国贡献了全球绿色增量的 30% 以上。西江流域的森林覆盖率也在持续增长,兴利的水利工程设施不断增多,流域下垫面的结构发生了一定程度的良性改善,朝着更有利于水文生态系统结构优化的状况转圜。在不断改善生态环境的同时,流域各地经济社会发展迅速,对生态环境进行修复重建的能力得到加强。西南地区是我国多民族聚居地区,少数民族众多,地区的经济社会形态具有多样化特点。但是,珠江—西江流域中上游地区的地理环境复杂,多山地丘陵分布,强降水天气多发,是全国年降雨量最大的流域之一,年径流量达 2330 多亿立方米,居全国江河水系的第二位,仅次于长江,且降雨时空分布极为集中,使得该区域成为洪水灾害的高发地区,进而影响一衣带水的下游珠江三角洲经济发达地区——粤港澳大湾区,严重威胁地区经济社会的发展。因此,避免和减少洪水灾害带来的损失,应对洪水灾害对经济社会系统的影响,已经成为珠江—西江流域各级政府当前亟待解决的重大问题之一。本章将以西江流域郁江南宁水文站(以下简称南宁站)为例,进行洪水重现期的时空演变实证分析,以把握流域洪水灾害的基本规律。

第三节　西江流域郁江南宁站洪水重现期的实证分析

洪水重现期是洪水发生频率的另一种表示方法,以年为单位。洪水重现期是指某地区发生的洪水为多少年一遇的洪水,意思是发生这样大小(量级)的洪水在很长时期内平均多少年出现一次。通常所说的某洪峰流量是多少年一遇,所说的多少年,就是该量级洪水流量的重现期。

洪水频率是指水文频率,水文频率分析以概率统计理论为基础,通过建立模型,优化理论频率曲线参数,对经验频率曲线进行展延。理论频率曲线是对实际点据分布的拟合,拟合是对真实情形的近似,其参数估计结果必然存在不确定性。以西江流域郁江南宁站为实例,南宁站建于 1907 年,是西江支流—郁江上游控制站,流域面积 72656km²,由于历史种种原因,1907—1935 年流量资料缺失,下面以 1936—2018 年年最大流量系列作洪水重现期的演变分析。

一、洪水频率分析

(一)演变年代系列划分

将南宁站 1936—2018 年年最大流量系列按时间顺序分为多个演变年代系列(如表 6－3－1 所示),演变年代每 10 年作一分段,结束年数计至 9,开始演变年代年数 $N_0 \geqslant 30$,划分演变年代系列对历年数值系列的方法如下:

$$M_i = N_{k-1} + 10 \times (t - 1) \qquad (6-3-1)$$

在式(6－3－1)中,M_i 为演变年代系列,N_{k-1} 为演变年代分系列,$t=1$, $2,3,\cdots,k$;$i=1,2,3,\cdots,k$。其中:$0 \leqslant k \leqslant 10$,$N_0 \geqslant 30$。如 $t=1$,$k=1$,则 $N_{k-1}=N_0$ 为第 1 个演变年代分系列,按式(6－3－1)计算得南宁站第 1 个演变年代分系列南宁站 1936—1969 年年最大流量系列。以此类推,分别算得南

基于贝叶斯统计理论与经典统计方法相融合的珠江
——西江流域洪水重现期时空演变分析

表6-3-1 南宁站历年年最大流量系列表

历年流量分系列

序号	1936—1969年		1936—1979年		1936—1989年		1936—1999年		1936—2009年		1936—2018年	
1	1936	13600	1936	13600	1936	13600	1936	13600	1936	13600	1936	13600
2	1937	15500	1937	15500	1937	15500	1937	15500	1937	15500	1937	15500
3	1938	7100	1938	7100	1938	7100	1938	7100	1938	7100	1938	7100
⋮	⋮	⋮	⋮	⋮	⋮	⋮	⋮	⋮	⋮	⋮	⋮	⋮
32	1967	7940	1967	7940	1967	7940	1967	7940	1967	7940	1967	7940
33	1968	13300	1968	13300	1968	13300	1968	13300	1968	13300	1968	13300
34	1969	9650	1969	9650	1969	9650	1969	9650	1969	9650	1969	9650
35			1970	9030	1970	9030	1970	9030	1970	9030	1970	9030
36			1971	12300	1971	12300	1971	12300	1971	12300	1971	12300
37			1972	6930	1972	6930	1972	6930	1972	6930	1972	6930
38			1973	9830	1973	9830	1973	9830	1973	9830	1973	9830
39			1974	9140	1974	9140	1974	9140	1974	9140	1974	9140
40			1975	7690	1975	7690	1975	7690	1975	7690	1975	7690
41			1976	5080	1976	5080	1976	5080	1976	5080	1976	5080
42			1977	6700	1977	6700	1977	6700	1977	6700	1977	6700
43			1978	9860	1978	9860	1978	9860	1978	9860	1978	9860
44			1979	9700	1979	9700	1979	9700	1979	9700	1979	9700

续表 1

历年流量分系列

序号	1936—1969 年	1936—1979 年	1936—1989 年		1936—1999 年		1936—2009 年		1936—2018 年	
45			1980	10400	1980	10400	1980	10400	1980	10400
46			1981	6750	1981	6750	1981	6750	1981	6750
47			1982	8020	1982	8020	1982	8020	1982	8020
48			1983	5410	1983	5410	1983	5410	1983	5410
49			1984	8670	1984	8670	1984	8670	1984	8670
50			1985	12400	1985	12400	1985	12400	1985	12400
51			1986	12100	1986	12100	1986	12100	1986	12100
52			1987	4880	1987	4880	1987	4880	1987	4880
53			1988	5540	1988	5540	1988	5540	1988	5540
54			1989	5410	1989	5410	1989	5410	1989	5410
55					1990	5820	1990	5820	1990	5820
56					1991	7500	1991	7500	1991	7500
57					1992	11100	1992	11100	1992	11100
58					1993	5340	1993	5340	1993	5340
59					1994	11100	1994	11100	1994	11100
60					1995	7370	1995	7370	1995	7370
61					1996	9030	1996	9030	1996	9030
62					1997	8130	1997	8130	1997	8130
63					1998	7060	1998	7060	1998	7060

续表 2

序号	历年流量分系列										
	1936—1969 年		1936—1979 年		1936—1989 年		1936—1999 年		1936—2009 年		1936—2018 年	
64							1999	6150	1999	6150	1999	6150
65									2000	4350	2000	4350
66									2001	13500	2001	13500
67									2002	9300	2002	9300
68									2003	6500	2003	6500
69									2004	7160	2004	7160
70									2005	6920	2005	6920
71									2006	8500	2006	8500
72									2007	4010	2007	4010
73									2008	11100	2008	11100
74									2009	5940	2009	5940
75											2010	5630
76											2011	6860
77											2012	9280
78											2013	7030
79											2014	10300
80											2015	6850
81											2016	6000
82											2017	6560
83											2018	7620

宁站第 2、3、4、5、6 个演变年代分系列,如图 6－3－1 所示。

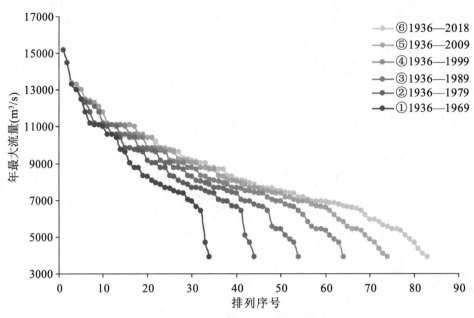

图 6－3－1　南宁站历年年最大流量各分系列线

(二)计算依据

基于前文所阐述的水文统计相关概念,流量频率曲线法的数值计算主要有:历年流量数值系列的均值 $\bar{Q}$、均方差 S、变差系数 C_v、偏态系数 C_s,这些流量数值根据数理统计原理[55]的公式如下:

均值:

$$\bar{Q} = \frac{Q_1 + Q_2 + \cdots + Q_n}{n} \qquad (6-3-2)$$

其中,$\bar{Q}$ 为年最大流量均值(m^3/s),Q_i 为年最大流量(m^3/s),n 为年最大流量系列总数。

均方差:

$$S = \sqrt{\frac{1}{n-1} \sum_{i=1}^{n} (Q_i - \bar{Q})^2} \qquad (6-3-3)$$

其中,S 为年最大流量均方差(m^3/s),Q_i 为年最大流量(m^3/s),$\bar{Q}$ 为年最大流量均值(m^3/s),n 为年最大流量系列总数。

变差系数:

$$C_v = \frac{S}{\bar{Q}} \qquad (6-3-4)$$

其中，C_v 为年最大流量变差系数，$\bar{Q}$ 为年最大流量均值（$\mathrm{m^3/s}$），S 为年最大流量系列均方差（$\mathrm{m^3/s}$）。

偏态系数：

$$C_s = \frac{n \sum_{i=1}^{n}(Q_i - \bar{Q})^3}{(n-1)(n-2)\bar{Q}^3 C_s{}^3} \qquad (6-3-5)$$

其中，C_s 为年最大流量偏态系数，C_v 为年最大流量变差系数，Q_i 为年最大流量（$\mathrm{m^3/s}$），$\bar{Q}$ 为年最大流量均值（$\mathrm{m^3/s}$），n 为年最大流量系列总数。

（三）洪水频率计算

根据南宁站 1936—2018 年年最大流量系列划分得南宁站 1～6 个演变年代系列，分别计算南宁站 1～6 个演变年代分系列年最大流量的均值 $\bar{Q}$、均方差 S、变差系数 C_v、偏态系数 C_s，按公式（6-3-2）、（6-3-3）、（6-3-4）、（6-3-5）计算，计算成果见表 6-3-2。

表 6-3-2 南宁站年最大流量频率计算表

序号	系列年	年数 n	均值 $\bar{Q}$ ($\mathrm{m^3/s}$)	均方差 S	变差系数 C_v	偏态系数 C_s	模比数 C_s/C_v
1	1936—1969	34	9384	2449.18	0.26	0.52	2
2	1936—1979	44	9212	2364.87	0.26	0.52	2
3	1936—1989	54	8980	2481.72	0.28	0.56	2
4	1936—1999	64	8805	2436.13	0.28	0.56	2
5	1936—2009	74	8659	2517.29	0.29	0.58	2
6	1936—2018	83	8517	2456.66	0.29	0.58	2
平均			8926	2450.98	0.28		2

二、洪水演变分析

（一）分系列年最大流量均值 $\bar{Q}$ 的分析

从南宁站 1～6 个演变年代分系列年最大流量均值 $\bar{Q}$ 的变化可知，均值 $\bar{Q}$ 的变化趋势为逐渐减少（见图 6-3-2），递减量以 10 年为 1 计量级，递减量随系列延长而变小，均值趋于常量值，说明系列长，均值代表性好。

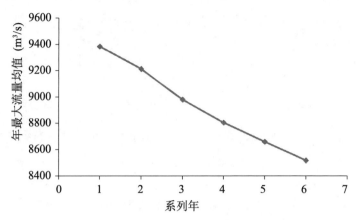

图6-3-2 南宁站年最大流量均值演变过程线图

(二)分系列年最大流量变差系数 C_v 的分析

从南宁站 1~6 个演变年代分系列年最大流量的变差系数 C_v 的变化可知,变差系数 C_v 的变化趋势为逐渐增大(见图 6-3-3),每 20 年平均增加 0.1~0.2,与均值 $\bar{Q}$ 的变化相反。

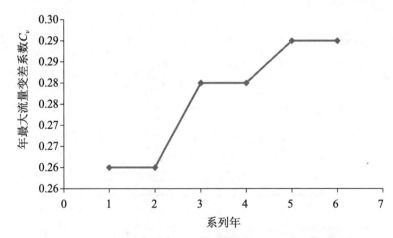

图6-3-3 南宁站年最大流量变差系数 C_v 演变过程线图

第四节 南宁站洪水重现期的基本判断

从南宁站 1936—2018 年第 1~6 个年代分系列年最大流量的均值 $\bar{Q}$ 的演变分析,可知均值 $\bar{Q}$ 的演变趋势为逐渐减少,1~6 个演变年代分系列年最大

流量的变差系数 C_v 的变化趋势为逐渐增大(见图 6-3-3),每 20 年平均增加 0.1~0.2,则洪水重现期的年最大流量演变趋势为逐渐增大。即洪水重现期的水位演变趋势由低水位提升 1~2 流量级别,也就是说现代的洪水重现期比前 30~50 年提升了 1~2 级别。下面基于前述贝叶斯统计相关理论和经典统计方法相融合的统计分析技术,对南宁站洪水重现期进行统计分析,并对流域洪水重现期变化的基本规律作出判断。

一、南宁站洪水重现期计算

根据西江流域长期的水文分析应用实践,采用皮尔逊一Ⅲ型分布进行本流域的水文统计分析,有相当好的拟合度。因此,本书以南宁站 1936—2018 年年最大流量系列按时间顺序分为多个演变年代系列(见图 6-3-1),按皮尔逊一Ⅲ型曲线适线法[56],并根据考虑历史洪水的贝叶斯 MCMC 洪水频率分析模型,分别计算南宁站第 1~6 年代系列洪水重现期。前文已对利用皮尔逊一Ⅲ型分布进行洪水频率分析和考虑历史洪水的贝叶斯 MCMC 洪水频率分析方法展开详细讨论,这里直接给出具体计算结果。表 6-4-1 为第 6 年代系列 1936—2018 年年最大流量频率重现期计算成果,第 1~6 年代系列洪水重现期计算成果见表 6-4-2。

表 6-4-1 南宁站年最大流量频率重现期计算表

序号	频率 (%)	变差系数 C_v	模比系数 K_p	流量 Q_i (m³/s)	水位 (m)	重现期 (年)
1	0.01	2.46	2.46	20952	81.87	
2	0.05	2.14	2.14	18226	80.71	
3	0.10	2.04	2.04	17375	80.26	
4	0.20	1.97	1.97	16778	79.91	500
5	0.50	1.90	1.90	16182	79.55	200
6	1.00	1.80	1.80	15331	78.99	100
7	2.00	1.78	1.78	15160	78.88	50
8	3.33	1.63	1.63	13883	77.94	30
9	5.00	1.52	1.52	12946	77.20	20
10	10.00	1.38	1.38	11753	76.18	10
⋮	⋮	⋮	⋮	⋮	⋮	
24	99.00	0.46	0.46	3918	67.32	
25	99.90	0.45	0.45	3833	67.21	
备注	C_v:0.29,C_s:0.58					

表6－4－2　南宁站年最大流量重现期演变统计表

序号	系列年	年数 n	变差系数 C_v	偏态系数 C_s	50年一遇		100年一遇	
					流量 Q_i (m³/s)	水位 (m)	流量 Q_i (m³/s)	水位 (m)
1	1936—1969	34	0.26	0.52	13600	77.75	14500	78.39
2	1936—1979	44	0.26	0.52	13600	77.75	14500	78.39
3	1936—1989	54	0.28	0.56	14100	78.14	15000	78.76
4	1936—1999	64	0.28	0.56	14100	78.14	15000	78.76
5	1936—2009	74	0.29	0.58	15200	78.88	15300	78.99
6	1936—2018	83	0.29	0.58	15200	78.88	15300	78.99
平均			0.28	0.56				

由表6－4－2可知,第1～6年代系列的年数从34年到83年,50年来,年最大流量变差系数 C_v 从0.26到0.29的演变,流量频率重现期50年一遇流量从13600m³/s到15200m³/s,100年一遇流量从14500m³/s到15300m³/s,年最大流量演变趋势为逐渐增大。水位值是根据南宁站1936—2018年年最高水位 Z_i 与年最大流量 Q_i 关系线查算得。

二、南宁站年最大流量演变分析

(一)南宁站年最大流量变差系数演变

南宁站1936—2018年年最大流量第1～6年代系列洪水重现期系列如表6－4－3所示,南宁站第1～6年代系列洪水重现期演变是随流量变差系数增大,即流量值重现期而随年代推进而演变,从表6－4－3南宁站年最大流量变差系数演变对比统计结果可知,年最大流量变差系数 C_v 为0.26,0.28,0.29的演变对比过程线均呈增大趋势。

表6－4－3　南宁站年最大流量变差系数演变对比统计表

序号	重现期 (年)	C_v:0.26		C_v:0.28		C_v:0.29	
		流量 Q_i (m³/s)	水位 (m)	流量 Q_i (m³/s)	水位 (m)	流量 Q_i (m³/s)	水位 (m)
1	5	10300	74.82	10400	74.90	10500	74.98
2	10	11400	75.87	11700	76.10	11800	76.18
3	20	12400	76.77	12800	77.06	12900	77.20
4	30	13200	77.41	13600	77.75	13900	77.94

续表

序号	重现期 （年）	C_v :0.26		C_v :0.28		C_v :0.29	
		流量 Q_i（m³/s）	水位 （m）	流量 Q_i（m³/s）	水位 （m）	流量 Q_i（m³/s）	水位 （m）
5	50	13600	77.75	14100	78.14	14900	78.70
6	100	14500	78.39	15000	78.76	15300	78.99
7	200	15300	78.99	15900	79.39	16200	79.55

表 6－4－3 中水位值是根据南宁站 1936—2018 年年最高水位 Z_i 与年最大流量 Q_i 关系线查算得。

（二）南宁站年最大流量频率重现期演变

南宁站第 1～6 年代系列流量频率重现期演变是随年代流量值增大，即年最大流量频率重现期而随之增大（如表 6－4－3 所示）。年最大流量频率重现期 50 年一遇流量从 13600m³/s 到 15200m³/s、100 年一遇流量从 14500m³/s 到 15300m³/s，年最大流量演变趋势为逐渐增大。

（三）南宁站年最高水位频率重现期演变

点绘南宁站 1936—2018 年年最高水位 Z_i 与年最大流量 Q_i 关系线，如图 6－4－1 所示。

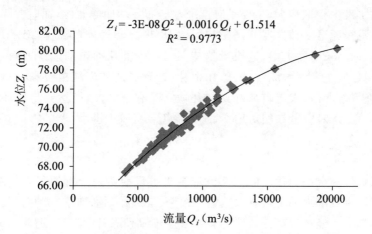

$$Z_i = -3\text{E-}08 Q^2 + 0.0016 Q_i + 61.514$$
$$R^2 = 0.9773$$

图 6－4－1 南宁站年最高水位 Z_i ～年最大流量 Q_i 关系线图

以年最大流量 Q_i 频率重现期对应查出年最高水位 Z_i 频率重现期（见表 6－4－2），南宁站第 1～6 年代系列洪水重现期演变是随年代演变，即年最高水位 Z_i 频率重现期而随之提高，水位频率重现期 50 年一遇水位从 77.75m 到 78.88m、100 年一遇水位从 78.39m 到 78.99m，年最高水位演变趋势为逐渐提高。

三、南宁站洪水重现期的规律和对策

(一)南宁站洪水重现期的基本规律

从表6－4－2南宁站年最大流量重现期演变统计可知,在同一流量频率重现期,流量频率重现期随年代推前而演变,从1936—2018年,每推前20年,即年最大流量系列年从1936—1969年到1936—1989年,50年一遇的年最大流量的变量为14100－13600＝500m³/s;从1936—1989到1936—2009年,50年一遇的年最大流量的变量为15200－14100＝1100m³/s,50年一遇的年最大流量的变量从500m³/s到1100m³/s。以此类推,100年一遇的年最大流量的变量从500m³/s到300m³/s。

由此可得,南宁站洪水重现期的基本规律如下:

1. 南宁站洪水重现期随时间年代前进而发生演变,重现期频率小,则年最大流量的变量小;反之,重现期频率大,则年最大流量的变量大。

在同一年代系列,从1989—2009年20年间,50年一遇的年最大流量的变量1100m³/s,100年一遇的年最大流量的变量300m³/s。

2. 南宁站洪水重现期随频率变化而发生演变,重现期频率小,则年最大流量的变量大;反之,重现期频率大,则年最大流量的变量小。

(二)对策

洪水发生频率增大,主要是时空降水分布不均而导致的,而时空降水分布不均是下垫面温度和湿度共同影响所致,出现异常气候,长时间降水,引发洪水不断,而后长时间无雨,造成干旱持久。在人类活动影响因素方面,要控制山岭开垦,制止人为破坏植被、破坏山林,恢复和增加流域植被和森林的覆盖率,营造绿水青山、人与自然和谐的环境。只有这样,才能达到自然环境气候内平衡,雨、水时空分布相对均衡,这个均衡就可减少洪水、干旱的发生率。

四、结论

根据以南宁站为代表的西江流域洪水重现期实证分析的基本判断,近百年来西江流域洪水的发生有次数更加频繁、量级在逐渐递增、灾害损失越来越严重的趋势。经过改革开放四十多年来全流域采取封山育林、退耕还林、退耕还湖、退牧还草等强力措施,且国家工业化进程快速发展,大量农民迁移城市务工,农村居住人口急速下降,人类对流域自然生态的干扰得到有效减缓,流域生态系统得到一定程度的休养生息。

本章小结

本章以西江—郁江控制性水文站南宁站为例，基于贝叶斯统计与经典统计相融的统计分析技术，利用皮尔逊－Ⅲ型曲线适线法，进行洪水频率计算，对南宁站洪水重现期的时空演变进行了实证分析。根据以南宁站为代表的珠江—西江流域洪水重现期实证分析的基本判断，近百年来珠江—西江流域洪水的发生有次数更加频繁、量级在逐渐递增、灾害损失越来越严重的趋势。特别是下游的广东珠江三角洲地区的粤港澳大湾区，经济总量快速增加，数万亿元人民币的国民生产总值面临西江洪水的巨大威胁。当然，经过改革开放四十多年来全流域采取封山育林、退耕还林、退耕还湖、退牧还草等强力措施，且国家工业化进程快速发展，大量农民迁移城市务工，农村居住人口急速下降，人类对流域自然生态的干扰得到有效减缓，流域生态系统得到一定程度的休养生息。开展大规模的造林绿化运动，进行生态修复，逐渐恢复自然生态，洪水发生的边际效应也有减缓的迹象，但洪水发生的基本态势并未有根本改变。如何进一步开展流域的防洪治理，确保江河安澜及流域的经济社会可持续发展，这是流域各级政府必须时刻考虑的重大社会民生问题。应坚持"绿水青山就是金山银山"的生态文明发展思路，把生态建设放在流域的经济社会发展优先的地位。生态兴则文明兴，生态衰则文明衰。人与自然是生命共同体，人类必须尊重自然、顺应自然、保护自然。党的十八大报告中强调："把生态文明建设放在突出地位，融入经济建设、政治建设、文化建设、社会建设各方面和全过程"。生态文明建设是经济持续健康发展的关键保障，生态文明建设事关人民福祉、民族未来。珠江—西江流域的滇、黔、桂、粤等各级政府应抓住国家珠江—西江经济带发展战略的实施，在中央相关部门的统一协调下，做到全流域一盘棋，共同抓好治水这篇大文章，统筹协同发展，明确各自的生态责任和发展约束，做好流域发展功能区划分，严格控制生态功能区的国土开发强度，结合城市化进程和扶贫搬迁，组织部分生态功能区居民集约化居住，留出足够的生态空间。上游省份要为流域多负生态责任，作出必要的发展约束，下游省份应按国家相关政策对上游生态功能区作出合理的生态补偿。全流域共谋、共建、共享，造就整个珠江—西江流域"天更蓝、山更绿、水更清、环境更优美"的一江碧水向东流的美好画卷。

第七章　流域防洪治理河流悬移质输沙率检测的一种关键技术

——自动化走航式全断面积宽法悬移质输沙率测验关键技术

　　开展流域河流悬移质输沙率监测,进行流域水土流失情况的及时监控,是进行流域防洪治理的基础性工作和重要环节。长期以来,泥沙监测站悬移质输沙率测验采用传统的测验方式,即在测船上用横式采样器采集水样,每次输沙率测验需要 6 人,用时 3～4 小时;运回室内后人工处理水样,经过烘干、称重、计算,至少用时 6 天左右才能得到一份完整的输沙率成果。这种拼人力、费力气、耗时力、低效率的传统测验方法已不能适应信息时代发展的需要。为了解决测沙难题,国内外对悬移质泥沙测验进行各种研究[57],有同位素法测沙仪、激光测沙仪和 OBS 测沙仪,前两种仪器因受多种因素影响,没能得到应用,第三种是通过 OBS 测沙仪,根据浊度与悬移质泥沙的相应关系,以关系模型来实现悬移质泥沙测验自动化,因而取得试验成功,并得以技术性认可和应用。本书以悬移质输沙率测验自动化为研究课题,开展自动化走航式全断面积宽法悬移质输沙率测验的研究,采用新仪器、新技术、新方法一体化整合研究,悬移质输沙率测验由传统式转变为自动化式,移质输沙率测验自动化标志着监测能力和质量得到跨越提升。本书通过实例论证,以西江—郁江流域南宁水文站(以下简称南宁站)为例,阐述自动化走航式全断面积宽法悬移质输沙率测验的原理和方法。2016 年,研究团队与南宁站合作,开展了自动化走航式全断面积宽法悬移质输沙率测验方式的应用研究,采用的新仪器是由广州拓泰环境监测技术有限公司引进美国 OBS501 浊度传感器,加入原创测沙控制器组合成自动化走航式悬移质输沙率监测仪。新技术是走航式 ADCP 测速和 OBS501 浊度仪测浊度的数据同步无线传递,通过原创走航式悬移质输沙率测验软件运行计算,实时得出自动化走航式悬移质输沙率测验成果。新方法是全断面积宽法,从水面至水深 0.3m 扫射浊度,与走航式 ADCP 同步自左岸至右岸全断面往返 2 个测回,由电动缆道匀速前行测取流量和输沙率。

进行自动化走航式全断面积宽法悬移质输沙率测验与传统人工悬移质输沙率测验比测,一是通过对浊度传感器悬移质断面平均含沙量(简称断沙)的比测,建立新的断沙关系模型;二是通过对浊度传感器悬移质单样含沙量(简称单沙)的比测,建立新的单~断沙关系模型。通过确定这两个模型实现人工测验到自动监测转化,达到悬移质输沙率测验自动化的目的,实现悬移质输沙测验技术新突破。

第一节　概况

一、河段情况

南宁站位于郁江上游,是左江、右江控制站,集水面积 72656 km^2。河段上游分别建设有左江水利枢纽、山秀水利枢纽,右江百色水利枢纽、金鸡滩水利枢纽,左、右江汇合处建成了老口水利枢纽。南宁站河段顺直、河床稳定,由于水库拦截,大量泥沙沉降于库区中,平水期断面悬移质含沙量较少。洪水期间,含沙量相对较大,时有出现团状高含沙量。但总体情况含沙量在断面分布比较均匀。

二、测验情况

郁江河流泥沙为悬移质,属于低沙河流,南宁站从 1973 年 1 月起开展悬移质泥沙测验工作,随着经济建设不断发展,受上游水工程蓄水的影响,含沙量逐渐小,河段断面各垂线含沙量基本均匀。1983—2014 年,多年平均含沙量为 0.228 kg/m^3,多年平均最大含沙量为 1.59 kg/m^3,含沙量变化过程基本与洪水变化过程相应。南宁站历年悬移质输沙率测验常测法如下:

1973—2007 年,为横式 10/20 选点法,相应单沙为固定一线两点混合;

2008—2010 年,为横式 10/20 全断面混合法,相应单沙为固定一线两点混合;

2011—2014 年,为横式 5/10 全断面混合法,相应单沙为固定一线两点混

合,其中固定一线为测流断面起点距 100 m 的垂线,两点为垂线相对水深 0.2 和 0.8m;

2015 至今,为横式 5/10 全断面混合法,相应单沙为固定一线测流断面起点距 60 m 垂线 0.5 m 水深起止浊度的平均值,建立起点距 60 m 相应浊度 R_s ~断面平均含沙量 C_z 关系线,取代原单断沙关系线。

第二节　仪器原理及功能

自动化走航式全断面积宽法悬移质输沙率测验的仪器设备有 OBS501 浊度传感器和在线泥沙监测系统。

一、OBS501 浊度传感器

光束通过浑浊的液体时,光线经过一段距离后光强度会有一定程度的减弱[58]。减弱的主要原因是光线被浑浊液体内的介质吸收或反射散射偏离原来方向。测量散射回来的光强度,可以计算出液体的浊度。天然水体中泥沙含量是影响水浊度的最重要因素,在很多场合,泥沙含量是决定浊度的唯一因素。系统采用后散射探头和侧散射探头来测量浊度,从而测得悬移质含沙量。工作模式如下:要求具备宽带模式与脉冲相干法两种以上工作模式,工作时可自动调整采样频率和测流模式;可自动连续跟踪流速和水深;具有较强的深水、浅水测量适应性。

二、在线泥沙监测系统

在线泥沙监测系统由四大部分构成:监测中心(数据中心)、通信网络、数据采集控制传输系统(RTU)、监测仪器。其中,监测仪器采用美国生产的 OBS501 入水式浊度传感器,采用无线传输数据,经泥沙监测系统将浊度转换为含沙量,利用现场监测、数据采集控制设备的数据远传通信功能和泥沙监测软件功能实现数据的远程采集、远程监测,实现河流悬移质泥沙在线、自动、实时监测。该系统由广州拓泰环境监测技术有限公司研发,可接入在线流量数据,实现输沙率的实时输出,在线测量。在统计分析方面,可生成符合水文资料整编规范的多种报表,同时接驳南方片整编软件,实现批量自动处理数据整编。

第三节　比测

一、比测要求

南宁站自动化走航式全断面悬移质输沙率比测工作,根据《河流悬移质泥沙测验规范》(GB/T 50159—2015)的技术要求[59],与人工测验悬移质输沙率的断沙、单沙进行比测,在一年内的高、中、低沙的水流过程布设 30 次以上的测次。

二、比测方法

自动化走航式全断面悬移质输沙率同步比测方式如下:一是在缆道测流断面,首先将安装好的 OBS501 入水式浊度传感器(入水深 0.3 m)及无线传输接收系统、走航式 ADCP 安装在无动力三体船,与手提电脑运行测沙系统进行测前测试,各项信息传输接收正常。然后利用缆道牵引三体船运行 2 个测回(每一测回为往、返测次),取其平均值为断面平均浊度 R_v,与测输沙率软件预先设置的参考系数 $0.001 \times R_v$ 得自动断面平均含沙量 C_v(参考系数 0.001 是根据 2015 年已有的浊度与单沙关系系数来设置);二是同步开展机动测船进行的人工悬移质输沙率和单沙测验,得到人工断面平均含沙量 C_z 和人工相应单沙 C_s,其中人工相应单沙 C_s 是在起点距 100 m 分别取开始和结束时的单沙,取其平均值;三是同步开展走航式 ADCP 流量监测,测得断面流量 Q_z 用于人工悬移质输沙率 W_z 和自动悬移质输沙率 W_v 的计算;四是同步在距缆道测流断面 40 m 原流速仪测流断面处,将另一台 OBS501 入水式浊度传感器安装在固定起点距 60 m 垂线处(入水深 0.5 m),取其开始和结束时对应的浊度平均值为输沙率测验的自动相应浊度值 R_t。以输沙率测验时开始和结束时的浊度值 R_t 与开始和结束时的人工单沙 C_s 建立关系模型,关系系数为 0.001,以 $0.001 \times R_t$ 得自动单沙 C_t,以 $0.001 \times R_r$ 得自动相应单沙 C_r。

三、比测资料

南宁站从 2016 年 5 月 31 日至 8 月 30 日共比测 31 次(见表 7-3-1),比测期间,断沙变幅 0.012~0.303 kg/m³,单沙变幅 0.013~0.302 kg/m³,水位变幅 61.72~70.22 m,输沙率变幅 7.50~1430 kg/s,流量变幅 593~5980 m³/s,比测符合规范的技术要求。

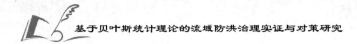

表 7－3－1 南宁站自动化走航式全断面积宽法悬移质输沙率比测成果表

比测号		时间	相应单沙(kg/m³)				自动监测	人工测验	相应水位	ADCP流量	输沙率(kg/s)	
单沙	输沙率	年月日时分	浊度 R_s(度)	自动 C_r	人工 C_s	断沙 C_v (kg/m³)	断沙 C_z (kg/m³)	Z(m)	Q_z(m³/s)	自动 W_v	人工 W_z
1	1	2016.5.31 13:29										
2		2016.5.31 13:53	16	0.016	0.016	0.014	0.016	62.32	673	9.08	9.57
3	2	2016.6.1 9:06										
4		2016.6.1 9:25	14	0.014	0.013	0.012	0.015	61.72	606	7.57	7.50
5	3	2016.6.15 9:31										
6		2016.6.15 10:21	46	0.046	0.042	0.042	0.044	65.38	2440	103	109
7	4	2016.6.16 10:12										
8		2016.6.16 11:00	48	0.048	0.046	0.052	0.047	65.72	2650	138	125
9	5	2016.6.17 9:14										
10		2016.6.17 10:01	56	0.056	0.052	0.048	0.056	65.86	2600	125	146
…	…	…	…	…	…	…	…	…	…	…	…
57	29	2016.8.30 9:00										
58		2016.8.30 9:38	26	0.026	0.028	0.027	0.028	64.34	1620	43.8	45.4
59	30	2016.8.30 10:00										
60		2016.8.30 10:40	30	0.030	0.030	0.029	0.031	64.29	1600	46.4	49.6
61	31	2016.8.30 14:02										
62		2016.8.30 14:41	28	0.028	0.030	0.026	0.028	64.12	1530	40.1	42.8

数据来源：广西南宁水文中心。

第四节　关键技术

一、建立自动断沙与人工断沙关系模型

由自动化走航式全断面积宽法悬移质输沙率与人工全断面混合法悬移质输沙率比测资料，建立南宁站自动断沙与人工断沙关系模型，其关系式如下：

$$C_z = K_v \cdot C_v \qquad (7-4-1)$$

其中，C_z 为人工断沙（kg/m^3），C_v 为自动断沙（kg/m^3），K_v 为相关系数。

依据 31 次比测资料，计算得南宁站自动断沙 C_v ～人工断沙 C_z 关系线相关系数 $K_v = 1.0795$，建立南宁站自动断沙 C_v ～人工断沙 C_z 关系式：$C_z = 1.0795C_v$，如图 7-4-1 所示。

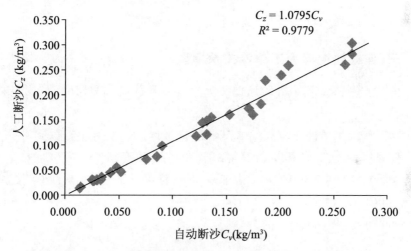

图 7-4-1　南宁站自动断沙 C_v ～人工断沙 C_z 关系线

二、建立相应浊度与自动断沙关系模型

由比测资料建立南宁站 60 m 相应浊度 R_r ～自动断沙 C_v 关系模型，其关系式如下：

$$C_v = K_r \cdot R_r \qquad (7-4-2)$$

其中，C_v 为自动断沙（kg/m^3），R_r 为相应浊度，K_r 为相关系数。

依据 31 次比测资料，计算得南宁站相应浊度 R_r ～自动断沙 C_v 关系线相关系数 $K_r = 0.0010$，建立南宁站 60 m 相应浊度 R_r ～自动断沙 C_v 关系式：$C_v = 0.0010R_r$，如图 7-4-2 所示。

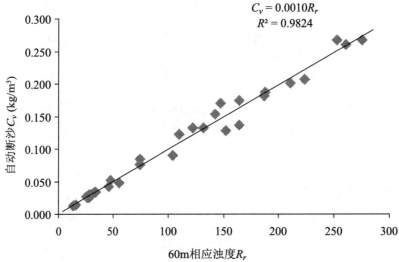

图 7－4－2　南宁站相应浊度 R_r ～自动断沙 C_v 关系线

三、建立浊度与人工单沙关系模型

由比测资料建立南宁站 60 m 浊度 R_s ～人工单沙 C_s 关系模型，其关系式如下：

$$C_s = K_s \cdot R_s \qquad (7-4-3)$$

其中，C_s 为人工单沙（kg/m^3），R_s 为 60 m 浊度，K_s 为相关系数。

依根据 31 次比测资料，计算得南宁站 60 m 浊度 R_s ～人工单沙 C_s 关系线相关系数 $K_s = 0.0010$，建立南宁站 60 m 浊度 R_s ～人工单沙 C_s 关系式：$C_s = 0.0010R_s$，如图 7－4－3 所示。

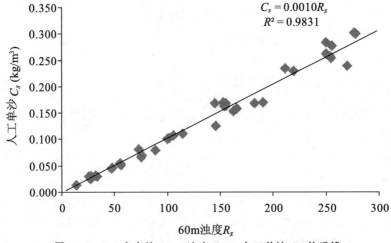

图 7－4－3　南宁站 60 m 浊度 R_s ～人工单沙 C_s 关系线

第五节　误差分析

一、精度统计

根据 2016 年南宁站自动化走航式全断面悬移质断沙比测 31 次数据,建立南宁站自动断沙 C_v~人工断沙 C_z 关系模型为 $C_z = 1.0795C_v$,建立南宁站相应浊度 R_r~自动断沙 C_v 关系模型为 $C_v = 0.0010R_r$,建立南宁站 60 m 浊度 R_s~人工单沙 C_s 关系模型为 $C_s = 0.0010R_s$,这三个关系模型精度高,关系较好,如表 7-5-1、表 7-5-2 所示。

表 7-5-1　南宁站自动断沙 C_v~人工断沙 C_z 关系线误差计算表

序号	相应浊度 R_s	自动断沙 C_v (kg/m³)	人工断沙 C_z (kg/m³)	线上断沙 C_o (kg/m³)	差值	误差 (%)	是否合格
1	16	0.014	0.016	0.015	0.001	5.9	是
2	14	0.012	0.015	0.013	0.002	15.9	是
3	46	0.042	0.044	0.045	-0.001	-2.9	是
4	48	0.052	0.047	0.056	-0.009	-16.2	是
5	56	0.048	0.056	0.052	0.004	8.1	是
⋮	⋮	⋮	⋮	⋮	⋮	⋮	⋮
29	26	0.027	0.028	0.029	-0.001	-3.9	是
30	30	0.029	0.031	0.031	-0.001	-0.9	是
31	28	0.026	0.028	0.028		-0.2	是
统计						100%	

注:表中线上断沙 C_o 为在自动断沙 C_v~人工断沙 C_z 关系线查读得断沙值,误差为: $S = [(C_z - C_o)/C_o] \times 100\%$。

表 7-5-2　南宁站 60m 浊度单沙~人工单沙关系线检验计算表

序号	施测号数	浊度单沙 (kg/m³)	人工单沙 (kg/m³)	线上单沙 (kg/m³)	偏差 P (%)	$P_{(i)} - P_{(平)}$	$[P_{(i)} - P_{(平)}]^2$
1	1	0.014	0.013	0.014	-7.14	-7.54	56.85
2	2	0.014	0.013	0.014	-7.14	-7.54	56.85

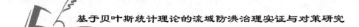

续表

序号	施测号数	浊度单沙（kg/m³）	人工单沙（kg/m³）	线上单沙（kg/m³）	偏差 P（%）	$P_{(i)} - P_{(平)}$	$[P_{(i)} - P_{(平)}]^2$
3	43	0.026	0.030	0.026	15.38	14.98	224.40
4	10	0.027	0.025	0.027	−7.41	−7.81	61.00
5	42	0.027	0.028	0.027	3.70	3.30	10.89
⋮	⋮	⋮	⋮	⋮	⋮	⋮	⋮
44	23	0.270	0.240	0.270	−11.11	−11.51	132.48
45	21	0.277	0.302	0.277	9.03	8.63	74.48
46	22	0.278	0.301	0.278	8.27	7.87	61.94

样本容量：	$N = 46$	正号个数：22.5		符号交换次数：23
符号检验：	$u = 0.00$	允许：1.15（显著性水平 $a = 0.25$）	合格	
适线检验：	$U = -0.30$	免检		
偏离数值检验：	$\|t\| = 0.32$	允许：1.30（显著性水平 $a = 0.20$）	合格	
标 准 差：	$Se(\%) = 8.5$	随机不确定度(%)：17.0		系统误差(%)：0.4

二、误差评估

（一）单沙误差

南宁站采用 OBS501 浊度仪监测的含沙量是悬移质泥沙，泥沙粒径很小，在同一环境（污染水体除外）、同一水深、同一时间监测的含沙量与人工测验的含沙量误差较小，因为 OBS501 浊度仪监测的浊度与人工测验的含沙量关系相对稳定，要求在 1kg/m³ 以下范围监测。从表 7−5−2 和计算可知，南宁站 60m 浊度单沙～人工单沙关系线随机不确定度 17%≤|±18%|（规范要求），标准差 8.5%≤|±9.0%|，系统误差 0.4%≤1.0%，平均相对误差 7.2%≤|±9.0%|，最大误差 15.38%，比测成果精度达到规范要求。

（二）断沙误差

南宁站采用 OBS501 浊度仪和走航式 ADCP 同步进行监测的含沙量、流量是悬移质泥沙，OBS501 浊度仪从水面至水深 0.3m 扫射浊度，自左岸至右岸全断面往返 2 个测回，由电动缆道匀速前行测取含沙量、流量，断面平均含沙量为走航式全断面积宽法（2 个测回平均值），与采用测船人工测验断面平均含沙量比测，断面平均含沙量为全断面混合法。断面含沙量要求在 1kg/m³ 以下范围监测。从表 7−5−3 和计算可知，南宁站 60m 相应浊度单沙～人工断

沙关系线随机不确定度 $13\% \leqslant |\pm18\%|$（规范要求），标准差 $6.5\% \leqslant |\pm9.0\%|$，系统误差 $|-1.4\%| \leqslant |\pm2.0\%|$，平均相对误差 $5.7\% \leqslant |\pm9.0\%|$，最大误差 -11.76%，比测成果精度达到规范要求。

表 7-5-3　南宁站 60m 相应浊度单沙～人工断沙关系线检验计算表

序号	施测号数	浊度单样 (kg/m³)	人工断沙 (kg/m³)	线上断沙 (kg/m³)	偏差 P (%)	$P_{(i)} - P_{(平)}$	$[P_{(i)} - P_{(平)}]^2$
1	2	0.014	0.015	0.015	0.00	1.42	2.02
2	1	0.016	0.016	0.017	−5.88	−4.46	19.89
3	29	0.026	0.028	0.027	3.70	5.12	26.21
4	8	0.027	0.030	0.028	7.14	8.56	73.27
5	6	0.028	0.031	0.029	6.90	8.32	69.22
⋮	⋮	⋮	⋮	⋮	⋮	⋮	⋮
29	13	0.254	0.259	0.267	−3.00	−1.58	2.50
30	16	0.260	0.260	0.273	−4.76	−3.34	11.16
31	15	0.275	0.303	0.289	4.84	6.26	39.19

样本容量：	$N=31$	正号个数：13		符号交换次数：14	
符号检验：	$u=0.72$	允许：1.15（显著性水平 $a=0.25$）		合格	
适线检验：	$U=0.18$	允许：1.28（显著性水平 $a=0.10$）		合格	
偏离数值检验：	$|t|=1.27$	允许：1.30（显著性水平 $a=0.20$）		合格	
标 准 差：	$Se(\%)=6.5$	随机不确定度(%):13.0		系统误差(%):−1.4	

（三）误差分析

从图 7-4-3、图 7-5-1 和表 7-5-2、表 7-5-3 可知，南宁站 60m 浊度单沙～人工单沙关系线呈单一线，相关系数 $R^2=0.9831$，平均相对误差 7.2%，标准差 8.5%（方差参数）；南宁站 60m 相应浊度单沙～人工断沙关系线呈单一线，相关系数 $R^2=0.9895$，平均相对误差 5.7%，标准差 6.5%（方差参数）。由此可见，南宁站 60m 浊度单沙～人工单沙关系模型、南宁站 60m 相应浊度单沙～人工断沙关系模型的单沙、断沙监测精度符合规范要求（见表 7-5-4）。

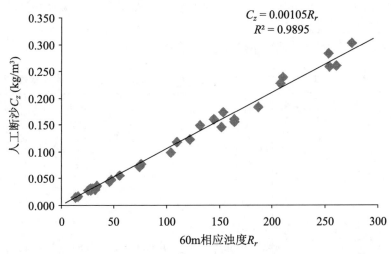

图 7-5-1　南宁站 60 m 相应浊度 R_r ～人工断沙 C_z 关系线

表 7-5-4　南宁站自动化走航式全断面悬移质单断沙比测精度统计表

序号	比测数	关系模型	相关系数	标准差	随机不确定度（%）	系统误差（%）	合格率（%）
1	31	$C_z = 1.0795C_v$	$R^2 = 0.9779$	8.8	17.6	-0.2	100
2	31	$C_v = 0.0010R_r$	$R^2 = 0.9824$	8.8	17.6	0.8	100
3	46	$C_s = 0.0010R_s$	$R^2 = 0.9831$	8.5	17.0	0.4	100

三、对比分析

　　南宁站 60 m 相应浊度 R_r ～人工断沙 C_z 关系模型为 $C_z = 0.00105R_r$，南宁站 60m 相应浊度 R_r ～自动断沙 C_v 关系模型为 $C_v = 0.0010R_r$，如图 7-5-1、图 7-4-2 所示。

　　由表 7-5-5 可知，南宁站 60 m 相应浊度 R_r ～自动、人工断沙 C_z 关系模型基本相似，相关性较好。

表 7-5-5　南宁站 60 m 相应浊度 R_r ～自动、人工断沙 C_z 关系模型误差对比

序号	比测数	关系模型	相关系数	标准差	随机不确定度（%）	系统误差（%）	合格率（%）
1	31	$C_z = 0.00105R_r$	$R^2 = 0.9895$	6.5	13.0	-1.4	100
2	31	$C_v = 0.0010R_r$	$R^2 = 0.9824$	8.8	17.6	0.8	100

本章小结

南宁站自动化走航式全断面悬移质输沙率比测成果达到《河流悬移质泥沙测验规范》(GB/T 50159－2015)的技术要求,合格率 100％。关键技术如下:南宁站自动断沙 C_v ～人工断沙 C_z 关系模型为 $C_z = 1.0795C_v$,南宁站相应浊度 R_r ～自动断沙 C_v 关系模型为 $C_v = 0.0010 R_r$,南宁站起点距 60 m 浊度 R_s ～人工单沙 C_s 关系模型为 $C_s = 0.0010 R_s$。该成果可直接用于自动化走航式全断面悬移质输沙率测验工作中,并可作为常规测验方式。自动化走航式全断面悬移质输沙率比测试验取得了成功,标志着南宁站在悬移质输沙率测验的研究工作取得了新突破,改变传统测法要经过取水样、处理、烘干、称重四个环节工序,解决了南宁站悬移质输沙率测验难、用人多、效率低的问题。南宁站首创的自动化走航式全断面悬移质输沙率监测方法,具有安全可靠、省时省力、方便推广应用等特点。目前,该技术已在西江—郁江流域相关水文站点进一步推广应用,取较好效果,可为流域防洪治理及时监控流域水土流失情况提供一种更高效的河流悬移质输沙率监测技术手段。

第八章 | 中国特色社会主义新时代的治水和流域防洪治理新探索

——文化治水

前文分别从治水历史的思考和科学统计理论的应用角度对治水和流域防洪治理展开了一系列的实证研究。人类总是在一定的文化环境中开拓未来，治水大计，文化先行。中国几千年的治水文明积累了丰富的治水文化，这是我们进行现代治水的历史文化基因和前行基础，为我们指明了一脉相承的现代治水和流域防洪治理的文化方向。本章将结合中国特色社会主义新时代的生态文明建设进行文化治水新探索，以把握先进治水文化的发展方向。提出"文化治水"新理念。

第一节 中国特色社会主义新时代的生态文明建设

2017 年 10 月 18 日，党的十九大报告确定了中国发展新的历史阶段——中国特色社会主义进入新时代。生态兴则文明兴，生态衰则文明衰，生态文明建设已经成为新时代国家建设的核心工程。早在 2012 年 11 月 8 日，党的十八大报告中就强调，生态文明建设既要与经济建设、政治建设、文化建设、社会建设相并重从而形成"五大建设"，又要在经济建设、政治建设、文化建设、社会建设过程中融入生态文明的理念、观点、方法，从而把生态文明建设融入到中华民族伟大复兴和建设美丽中国的全过程，并提高到生态优先的地位。这是针对当前国家建设过程中面临的"趋紧的资源约束，严重的环境污染，退化的生态系统"的现状提出的与时俱进的战略决策,是对国家建设前所未有的认识高度,是国家发展建设的新战略和新目标,更是对我国经济社会发展新的文化认识,新时代必须在这样的文化认知基础上开拓未来。确实,这是我们历经几千年的中华文明进程和近百十年来在长期的经济社会建设过程中历经无数的惨痛教训后告诉我们的基本事实。建设生态文明是顺应人民群众新期待的迫切需要,更是人民幸福生活的重要内涵,是对国家发展的一种新的文化认知,是顺应时代潮流,契合人民期待的新举措。

第二节　生态文明建设与治水

新时代,我们面临新的思考。中华文明几千年治水的实践告诉我们,水是生产之要,更是生态之基。因此,生态文明建设的核心要务还是治水,统筹做好治水这篇大文章,生态建设才能可持续和谐发展。我们梦想"天更蓝、山更绿、水更清、环境更优美"的生态家园,蓝天需要水的映衬、青山需要水的滋润、净土更需要水的荡涤,这一切都与治水密切相关,治水面临生态文明建设的新要求。

生态治水,文化先行。治水文化是指人类社会在除水害兴水利的生产社会实践中所创造出来的物质文化和精神文化(如治水制度、技术、知识、思想与价值、艺术及风俗习惯等)的总和,尤指治水科学与技术中所隐含的思想、精神、价值等。如大禹治水所展现出来的艰苦奋斗、积极进取、敢于斗争、不畏艰险、因势利导的精神[60];关心民生、体恤民众、以民为本、重民利民的精神;大公无私、舍己从人、身先士卒、以身作则的无私奉献精神以及同心协力、互相配合的团队精神等。这些精神文化成果已经成为中华民族的民族精神和集体性格,是中华文化的重要组成部分,一直深刻影响着中华文明的历史进程。人类在社会生产生活的过程中,不断积累了应对各种自然和社会挑战的物质和精神文化成果,这些文化成果反过来成为人类不断进步的基础,深刻影响着社会历史的前进方向。文化使我们知道下一步或以后该如何走,这就是文化的社会发展导向和驱动作用。一定的文化是人们认识世界、改造世界的前行基础和精神力量,是一个国家和民族不断进步的凝聚力和创造力的源泉。文化的创造和文化的作用贯穿于人类的生产和社会活动过程当中,是引领我们得以不断前行,路越走越宽、越走越远、越走越顺的基础和驱动力。昨天的文化决定今天的造化,今天的文化决定明天的命运。因此,在社会发展的过程中,与时俱进,不断积淀、创造、塑造、传承与社会发展相融合的先进文化是社会不断进步的根本保证,进行现代治水文化的重塑势在必行。现代治水文化应该如何重塑,才能适应新时代社会发展的要求,这是我们面临的又一次抉择,今天的文化决定明天的成败。

从古到今,治水总是针对一个时代面临的水情困境而改变山河面貌、造福子孙后代,使人类能够永续发展。在中国特色社会主义新时代,人口激增,城镇化和工业化快速发展,我们面临洪涝与干旱灾害频繁发生、水资源极度短缺、水环境严重污染和水生态系统不断恶化的严峻形势。这是我们当前治水面临的新时代困境,更是生态文明建设的困境所在。因此,现代治水面临更为复杂的状况,应该包括三个方面:一是征服江河和改造自然,去除水患,包括洪患和旱忧;二是充分开发和利用水利资源,满足人民生产生活的用水需求,造福人类;三是治理和修复因工农业生产和现代生活方式造成的污染退化的水生态系统,必须统筹这三个方面开展现代治水活动。几经转圜的国家经济和社会发展历程使我们逐渐认识到,人民对美好生活的向往,不但要追求经济的发展、生活的富足,更要享受天蓝、地绿、水净,还有空气清新的美好生态家园,"绿水青山就是金山银山"这是我们对国家建设新的基本文化认知。生态文明已经成为新时代国家建设新的最美好愿景。水是生产之要,生态之基,生态文明建设的关键和核心还是治水,天蓝、地绿、水清、空气新鲜是生态文明最直观的体现,治水贯穿生态文明建设的全过程。人民对美好生活的新追求,非常重要的一个方面就是对美好生态的追求。生活环境生态宜居,百姓才能安居乐业。生态美是人民美好生活的最重要指标之一,而治水是生态文明建设的关键和重要组成部分。进行生态文明建设,对治水提出了时代的新要求,要有新的认识、新的方法和措施,归结为我们要积淀、创造和塑造适应新时代发展的治水文化。新时代的治水文化是什么?如何开展新时代治水?先进的治水文化创新、发展和传承至关重要。新时代的治水文化必须满足生态文明建设的新要求,形成新的文化自觉。

第三节　新时代治水和流域防洪治理的新探索

一、工程治水——强大综合国力的展现

中国几千年的工程治水实践,积累了丰富的工程治水的物质文化成果。大禹按"洪水宜疏不宜堵"治洪思路构筑的江河堤防体系,李冰父子对洪水因势利导而修建的都江堰,贯通中国南北的京杭大运河,广西兴安沟通长江和珠

江两大水系的古灵渠,新疆开发利用地下水资源的古老坎儿井系统等都是中国古代工程治水的灿烂物质文化成果。这些古代著名的水利工程,很好地解决了当时农耕文明所面临的水情困境。在中国特色社会主义新时代,经过解放后七十多年特别是改革开放四十多年经济的高速发展,我国积累了强大的综合实力,为进一步搞好国家新发展阶段的经济社会建设提供了坚实基础。要进一步加快水利工程建设,增强城乡防洪、抗旱、排涝、治污能力,实施全流域环境综合治理,大力发展现代环保技术,使每一滴污水废水都经过治理后再排放,实现洪水污水废水的资源化利用。要建设大批像三峡水利枢纽这样集防洪、调洪、发电、航运、灌溉等多功能于一身,像南水北调工程这样跨流域调水,实现全国水资源的统筹配置等的重大水利工程,解决我国水资源时空分布的不平衡问题。推进像河南洛阳开展的水资源、水生态、水环境、水灾害"四水同治",浙江省实施的"治污水、防洪水、排涝水、保供水、抓节水"——"五水共治"的城乡重大治水工程建设和广西南宁市开展的"治水、建城、为民"的城市生态建设新思路,抓好大保护,推动大治理,建设"水清、岸绿、路畅、惠民"的生态幸福家园,发挥工程治水的顶梁柱作用。这是当代工程治水要担当的治水物质文化建设责任,目标就是生态文明建设。要加强洪水、干旱、水污染的防灾减灾体系建设,研究以洪补旱、污水废水资源化利用的技术措施和实现方式。在技术上要加大资金投入,建立水文、地质、气象大数据预报预警体系,提高气象、洪水、水污染、地质灾害等重大自然灾害的预报预警和防御能力,这些都是在工程治水当中需要解决的重大民生民安问题。

二、流域防洪治理的海绵建设新思路

最近几年,在全国部分城市开始试点的海绵城市建设计划,极大地改善了这些城市的人居生态环境,使得我们的城市更加美丽宜居,市民的幸福感指数大大提高,初步实现了生态文明建设的美好愿景。如广西首府南宁市,通过投资数百亿元对南宁的母亲河邕江和市内各条内河的海绵化综合治理,实现了"天长蓝、水长绿、树长青、地长净、人长寿"的生态发展目标,创造了"广西生态优势金不换"的幸福生态家园,正朝着习近平总书记提出的"建设壮美广西,共圆复兴梦想"的伟大宏愿迈进。基于海绵城市建设计划的成功实践,建议国家和地方政府把海绵城市建设的理念逐步推广到全流域的生态治理上来,树立海绵国土的新理念。开展流域海绵化建设,构建多样化的流域海绵体,有效管控降雨径流,实现尽可能多降水的自然积存、自然渗透、自然净化,涵养水资源。当洪水发生时通过各种海绵体吸储尽可能多的雨水流量,在相同降雨量的条件下,起到降低洪水危害量级的作用,把灾害损失降到最低限度。无雨或

干旱时能缓慢释放各种流域海绵体储藏的水资源,实现洪水的资源化利用。海绵城市的建设,相对于广大的国土范围来说是点和面的关系,城市的防洪保障,不可能由城市本身这个点来真正解决,海绵城市建设只能解决暂时的、局部的防洪、排涝和生态问题,流域性的大洪水,城市的海绵效果起不到太大作用,最终还是要通过流域国土的海绵化建设才能实现。流域国土海绵体包括森林、草原、水库、湖泊、湿地和各种水利工程设施等。要树立"山水林田湖草是命运共同体"的理念,开展全方位、全流域、全过程、系统性的综合治理,根据流域的降雨量情况及流域历史极值洪水,计算布局建设各种数量的国土海绵体,以流域雨水年径流总量控制率的刚性控制指标来规划流域的海绵体建设,通过流域国土海绵体的吸水、蓄水、渗水、净水、释水等作用,实现洪水的资源化利用,产生防灾降灾效应。流域国土是生态文明建设的空间载体,必须珍惜每一寸国土,要优化国土空间开发格局,建立健全国土空间生态功能区规划体系,进行生态功能的分类管理,严格控制国土开发率和开发强度。大力推进城镇化建设,人居空间和工农业发展空间要集约化布局,进一步通过退耕还林、还湖、还湿,扩大森林、湖泊、湿地面积,山水林田湖草统筹系统治理,构建多样化的国土海绵体系,保护生物多样性。要有约束意识和底线思维,提倡推广低影响开发建设模式,坚守生态空间保护红线,人居空间和工农业发展空间要严格控制在保护红线内实施。

随着国家经济社会的发展,城市化进程的快速推进,据调研考察,我国西南地区很多地方的山区乡村,特别是远离城镇的山村,经过最近几十年的人口转移,大部分的青壮年劳动力都到城镇务工、创业或定居,山林土地的人为干预变弱,正好让它恢复原有的自然状态,发挥生态功能作用。要实事求是根据各地区的具体情况进行分类指导,把收益低效的农业空间转换为生态空间,跟进开展生态的人工修复干预,进一步加快生态功能的恢复,这是流域海绵体建设的组成部分。相对于城镇化的集约居住方式,分布式居住占用的人均国土面积(包括宅基地、道路、各种生产生活设施)可能是城镇化居住模式的几十倍。对于我国这样的世界人口第一大国来说,土地资源相对匮乏,要结合正在全国开展的乡村振兴工程和城镇化建设,集约化居住,住宅的周围多建公园、绿地、水体,既满足人居对美好生活的追求,又可改善生态。城市的工厂和企业,尽量多层设计,提高单位土地面积的产出率。通过这样来控制国土的开发率和开发强度,确保留足生态空间,这也是为我们人类自己留足宜居空间。

植树造林,封山育林,持续开展造林绿化运动,秃山荒山变成绿水青山。到2020年底我国森林覆盖率达到23%以上,但很多西部省份还有很大提升空间。森林植被是涵养水源,迟缓洪水形成时间,降低洪水量级的重要载体,是防洪减灾的重要屏障，更是生态美最直观的体现。水是生命之源，而森林是水之源，根据科学测算，森林截留水量可达年降水量的 20％～30％，截留的雨水通过土壤的海绵吸附效果深藏在土壤深层，不断地在重力的作用下顺着河槽补充地下水，从而起到改善环境气候，调节减缓降雨径流，防止水土流失，增加水源的作用。因此，森林是流域国土最重要的海绵体之一，不断增加森林植被，提高森林覆盖率，恢复植被自然生态，是治水最重要最关键的一环。要减少对生态功能区的工农业开发，应坚持以发展生态旅游和生态农业为主的经济开发方式。例如，广西非常重视国土绿化和生态建设，先后实施"绿满八桂"造林绿化工程、"村屯绿化"专项活动、"金山银山"工程、"绿美乡村"建设工程、"治水、建城、为民"的城市生态建设工程等一系列重点生态工程，持续擦亮"山清水秀生态美"的金字招牌，巩固"广西生态优势金不换"的核心竞争力，绿色已成了"美丽广西"的底色。只做"加法"不做"减法"，不断加大植树造林力度。以开展"环境秀美""生活甜美""乡村和美"三个专项活动为抓手，推进农村人居环境整治和乡村风貌提升三年行动，助推实施乡村振兴战略。

第四节　文化治水——新时代治水文化重塑的思考

　　人类总是在一定的文化环境中开拓未来，治水大计，文化先行。新时代治水是一项涉及天、地、人的庞大复杂的系统工程，非一人之力、一日之功，需要长期坚持不懈的努力和全社会、全人类的共同参与，更需要有先进治水文化的引领。中国五千多年的治水文明，为我们积累了丰富的治水智慧和一脉相承的治水文化方向。新的时代，新的思考，新的作为，面对新时代的水情困境，可以从五个层面开展治水文化的积淀、创新和重塑。

一、要结合国家的发展战略进行重塑

　　党的十九大以来，中国特色社会主义进入新时代。党的十八大报告提出要把生态文明建设放在经济建设、政治建设、文化建设、社会建设"五大建设"优先的地位，并贯穿"五大建设"的全过程，这是新时代国家发展的顶层设计，是对国家建设新的文化认知。而水是生态之基，生态之魂，生态文明建设的成败在治水。因此，我们的治水大计必须围绕国家的这个顶层设计，根据时代的新要求做好治水文化的传承、积淀、创造和重塑，利用先进的治水文化引领促进生态文明建设的一步步落实，顺利开展，最终实现中华民族的伟大复兴和建设美丽中国的共同梦想。

二、要结合国家的环境现实进行重塑

目前,我们国家面临水资源短缺、水环境污染、水生态系统退化、洪涝与干旱灾害频发的严峻形势。我们对水的保护还有缺失,城乡生活污水和工业污水的处理远没有达到完善的地步,工农业生产的无序发展导致水污染情况还时有发生。水资源的分布极不平衡,对水的利用还不充分,特别是雨水、洪水,甚至污水的资源化利用还有很大空间。大规模的国土开发、城市化建设和矿产资源开采严重压缩侵蚀着自然生态空间,针对这样的环境现实,我们必须打造破解当前水情困境相应的治水文化。

三、要结合国民的水环境意识进行重塑

充分利用各地的治水历史文化遗存,建立各种形式的水情教育基地,结合每年 3 月 22 日"世界水日"和"中国水周"纪念活动,开展公众的治水文化教育,提高民众对水的保护意识,重构符合新时代要求的治水文化。意识影响行为,人的水环境意识越高,越容易采取积极自觉的水环境保护行为。如果每个人都树立起"水环境问题,我有责"的文化自觉和担当,治水的经济社会成本就会大大降低。目前,人们的水环境意识与行为不总是完全对应,有时是相背离的。人们在很大程度上认为水环境问题的主要责任由政府承担,导致公共水污染问题时有发生。水环境问题离不开每个人的自觉和爱护,更离不开政府、企业的责任和担当。公众还没有真正意识到唇齿相依的水环境利害关系,这是水环境治理问题的公众参与困境,更是一种治水文化困境。因此,政府要通过各种形式,利用各种治水历史遗迹和重大事件,开展公众的治水文化教育。我们每个人都处在一个水环境命运共同体当中,每一个人都要对在生产生活中自身的行为进行反思,从改变生产生活这一源头做起,树立强烈的保护水环境意识,为水环境的改善做出每个人的贡献,只有这样整个大生态系统才能获得由坏向好转圜的态势。每个人都是水环境治理的参与者、建设者、分享者。要正确认识当下水环境存在的问题,树立绿色发展、绿色生活的理念,积极参与水环境的保护行动,确保每一个人的行为都是绿色的,环境友好的。例如,选择污染最小的环保产品;使用无磷洗衣粉洗涤衣物;用温水洗刷碗筷,少用洗洁精;尽量循环利用资源;等等,使之成为一种治水文化自觉。

四、要结合全球的气候变化规律进行重塑

很多迹象表明,由于工业化的迅猛发展,温室气体超量排放,全球气候变暖已经是不争的事实。为阻止全球气候变暖趋势进一步加剧,早在 1992 年联

合国就专门制订了《联合国气候变化框架公约》，2015 年的巴黎气候变化大会更进一步签署了应对全球气候变化行动的《巴黎气候公约》，期待通过全人类采取行动共同应对挑战，实施绿色行动计划，实现气候变化的有效转圜。公约明确指出，全人类都应该通过实行受限的生活方式，减少碳排放。我国国务院 2020 年 12 月 21 日发布了《新时代的中国能源发展》白皮书，提出在 2030 年前实现"碳达峰"，2060 年前实现"碳中和"双碳目标的路线图。提倡生活用品的循环重复使用，比如购物时要禁止一次性塑料袋的使用，转为使用固定的购物袋。要按照绿色、低碳、循环这样的生活方式重塑我们每个人的生活习惯，通过每个人的具体行动，逐步强化形成一种治水文化自觉。

五、要结合治水的制度建设进行重塑

治水的制度建设是治水文化重塑的重要方面，要针对当前经济社会发展趋紧的水资源约束和水污染问题的现实，制定水安全保障的战略，做好用水、管水、治水制度的顶层设计，建立健全治水的法律、法规、体制、机制，健全治水的执行机构，做到"有法可依、有法必依、执法必严、违法必究"。流域是一个相互关联的水环境系统，要从全流域治水的高度，实施全流域性环境综合治理，统筹开展治水活动。如浙江省提出"治污水、防洪水、排涝水、保供水、抓节水"——"五水共治"的治水理念，形成一个拳头，发挥合力治水的力量和效率。浙江通过治水抓生态文明建设的成功实践，使浙江在经济高速发展的同时，实现了美好生态家园的新时代发展目标，体现了"绿水青山就是金山银山"的价值理念，值得借鉴。

一定的文化是人们认识世界、改造世界的前行基础和精神力量，是一个国家和民族不断进步的凝聚力和创造力的源泉。通过对文化的积淀、塑造和对文化的认同，可使人的行为具有文化自觉性。治水，从技术层面看，只需要对水生态系统采取各种工程措施，如清除垃圾，对水体进行化学、生物等处理即可。从制度层面看，治水只需要通过法律、法规、经济等多种手段强制执行。但再强有力的治水工程措施和法治手段，都不如民众的良好自觉习惯更有效。因为，任何外部的作用都不可能影响到人的每一个生活细节，要靠人的自我约束，要重塑人的价值观，改变人的意识和行为，也就是要通过文化的力量，发挥文化的作用，形成治水的文化自觉和文化认同——这里称为文化治水。文化治水就是要通过重塑适应新时代发展要求的治水文化，进行治水文化赋能，树立大众的治水文化自觉，达到治水的目的。这首先要构建和重塑大家认同的适应新时代治水的先进治水文化，树立像"绿色发展""绿色生活""四水同治""五水共治""海绵国土""绿水青山就是金山银山"等符合中国国情的先进治水

文化认知,要通过这样的先进治水文化引领治水大业。文化是一种非强制性的影响力,是一种无意识的自觉,达到"行为止其所当止"。工程治水和法治治水都是治水的硬手段、硬措施,要把工程治水和法治治水的实践成果,逐步转化为治水的精神文化成果,形成治水的文化自觉。文化治水是治水的最高形式,是最和谐、效率最高和成本最低的治水形式。先进的治水文化也是生产力,它可以真正促进人水关系和谐。先进治水文化形成和发挥作用之时,才是治水真正成功之日。

本章小结

新时代治水应该治什么?如何治?当然,现代的治水问题要依靠科技进步和国家的综合国力。但治水要能够成功,治水的文化作用是绝对不能忽视的,先进的治水技术必须与先进的治水文化相结合,才能真正发挥作用。人类社会的发展总是伴随着文化的进步不断前行,物质和文化历来是人类存在的两个基本方面,两方面都会在人类社会的发展中起到积极的作用,物质方面表现为先进的生产力,这是推动社会进步的物质基础。另一方面,人类在改造自然过程中还创造了我们如何战胜自然的一种精神意识的东西,就是我们一般所指的文化。文化是人类在生产生活实践中积累的智慧结晶,是我们不断前行的基础和驱动力,我们要积淀像"绿色发展""绿色生活""四水同治""五水共治""海绵国土""绿水青山就是金山银山"等这样的符合中国国情的治水新理念和新举措。人类总是在一定的物质和文化的基础上开拓未来,治水大计,文化先行,物质和文化相结合才能更有效地推动社会不断进步。在现代治水的过程中,要根据当代治水问题的具体情况,不断进行治水文化的积淀、创新和重塑,重构先进的治水文化。通过先进治水文化的引领作用,实现生态文明建设的美好愿景和中华民族的伟大复兴。

第九章 珠江—西江流域防洪治理的对策和建议

本研究分别从治水文化和治水科学技术应用的角度进行了一系列的治水和流域防洪治理实证研究。根据本书研究的相关结论,珠江—西江流域洪水的发生越来越频繁,量级越来越大,但是,流域的防洪治理工作没有完全跟上流域洪水的时空演变。随着流域经济社会的高速发展,西江流域的主要省份广西、广东、云南、贵州等,特别是西江下游珠江三角洲地区的粤港澳大湾区,经济总量快速增加,人民生命和财产安全面临西江洪水的巨大威胁。从表1—1—3可以看到,1998年我国历史上少有的全国性全流域特大洪水的经济损失是2446亿元,到了2003年,洪水量级小得多的洪水,经济损失却高达9093.64亿元之巨。可见,由于经济快速发展,社会财富积累越来越多,即使是相同量级的洪水,经济的边际损失越来越大,防洪治理工作更加艰巨而迫切。

珠江—西江流域流经我国少数民族人口最多的自治区广西和经济最发达的广东省,上连腹地广阔资源富集的云南、贵州,下接河道密如蛛网的珠江三角洲地区,连接粤、港、澳,是我国南部的一条非常重要的"黄金水道"。目前,珠江—西江经济带建设已经上升为国家发展战略,但珠江—西江流域洪涝灾害依然严峻,特别是下游的珠三角地区——粤港澳大湾区,经济高度发达,防洪减灾的任务相当繁重。

第一节 建设更完善的水利工程和江防体系

西江流域洪水主要是由暴雨形成,一般集中在每年 4～9 月,且暴雨分布面广,雨量多,强度大,容易形成峰高、量大、历时长的洪水。防洪大型水库等水利枢纽工程的建设是削减洪水,快速控制洪水灾害,并实现洪水资源化利用的关键手段之一,是流域防洪减灾的重要工程措施,能够有效减缓洪水对沿岸城镇及乡村的灾害性影响,减少人民生命和财产损失。流域水利工程一般具有防洪、灌溉(或供水)、发电及航运等综合效益。比如,红水河上游的龙滩水利枢纽,总库容达 273 亿立方米,防洪库容 70 亿立方米,曾是仅次于长江三峡的中国第二大水利工程,更是西江流域最为重要的洪水调峰水库之一,对下游的广西来宾、梧州,广东肇庆及珠江三角洲地区的防洪安全发挥重要作用。一系列水利枢纽工程的建设,不但起到防洪、发电、蓄水、水资源配置、灌溉的作用,还能渠化航道,提高河道通航能力。目前,西江亿吨黄金水道正逐步建成,三千吨级内河货轮可从南宁港直达广州港,成为我国西南水运出海大通道的重要组成部分。

一、西江流域水利工程建设情况

目前,西江流域重要的水利工程设施有:最上游北盘江上的天生桥电站、红水河上的龙滩电站,中游的岩滩电站、大化电站、恶滩电站,下游的桂平水利枢纽、大藤峡水利枢纽、长洲水利枢纽等。郁江流域重要的水利工程有:西津电站、左江电站、右江的金鸡滩电站、百色水利枢纽等。这些重要水利枢纽联合调度,可为西江流域特别是下游的珠江三角洲地区的防洪减灾发挥关键作用。特别是 2023 年全部建成投入使用的广西桂平大藤峡水利枢纽工程,控制西江流域面积的 56.4%,西江水资源总量的 56%,西江流域洪水总量的 65%,是解决西江中下游及珠江三角洲防洪问题和珠江口压咸补淡,抑制咸潮上溯,保障澳门和珠江三角洲供水安全的国家战略性工程。但是,现有流域水利枢纽工程及其防洪库容显然还不能满足经济社会发展对防洪标准及水资源利用的要求,需要继续建设一批具有控制性作用的流域防洪水利枢纽工程。

二、西江流域防洪工程建设情况

流域各大、中、小城市的堤防工程经过最近几十年建设,防洪工程设施逐渐完善,防洪能力不断增强[1]。目前,广西首府南宁市的防洪标达到 50 年一遇,加上上游百色水利枢纽等重要水利工程的联合调度配合可达200年一遇。广西重要的工业城市柳州的防洪也是按50年一遇的标准设防,加上上游落久水利枢纽和洋溪水利枢纽工程(正在规划建设中)的联合调蓄可提高到100年一遇。西江流域防洪重点城市梧州,是整个西江流域洪水的广西汇水口,滔滔西江洪水都是从这里奔向下游的珠江三角洲地区,梧州河东防洪大堤和河西防洪大堤建成投入使用后,避免了年年被淹的惨状发生,防洪标准也已达到50年一遇,在上游的龙滩水利枢纽、大藤峡水利枢纽和长洲水利枢纽的联合调度下,防洪能力也可达到100年一遇,往日的梧州市区年年被洪水淹没的状况已成历史。流域其他重要城市的防洪标准都不同程度得到提高,很多中小城镇走出了不设防、年年被淹的历史,正朝着江河安澜、人民安居的目标迈进。

但是,整个西江流域的防洪体系建设尚未完善,无论是水利工程体系,还是防洪工程体系都难以适应经济社会发展的需要。水利工程设施和堤防设施的布局还没有完全到位,存在很多短板,对大洪水的防御标准还有待提高。西江流域目前除了防洪重点城市南宁、柳州、梧州及下游的广东肇庆、珠江三角洲防洪区的防洪标准可以达到50年一遇,加上上游的百色水利枢纽、龙滩水利枢纽、大藤峡水利枢纽和长洲水利枢纽等防洪库容的联合调度可以达到100年一遇以上外,其他很多沿岸中小城镇的防洪标准还很低,基本都是20年一遇、10年一遇,或基本不设防,防洪体系构建还未完善,甚至有些城市汛期洪水漫堤现象还时有发生。另外,很多中小城市和县城城区的防洪仅靠单一的堤防设施,缺乏控制性流域防洪工程,特别是中小流域的控制性工程,还没有全面实现利用流域系列防洪库容的联合调蓄进行洪水防御,防洪效果有待提高。汛期,滔滔西江洪水滚滚东流,一去不复返,望水兴叹,洪水的资源化利用水平还非常低。水利工程的建设与满足防汛抗旱的需求、洪水的资源化利用、国家经济社会发展、人民对美好生活的向往等的要求还相差甚远。离真正的江河安澜、人民安居的中华民族几千年的治水梦想还有较大差距,流域防洪体系的建设任重道远。

三、防洪体系建设的对策建议

水利工程设施在流域防洪抗旱中发挥着重要核心作用。可以说,水库既是我们喝水的"大水缸",也是拦蓄洪水的"镇水重器",在削峰错峰、保坝泄洪、蓄水灌溉、防灾减灾等方面作用显著。依据国家防洪减灾规划,西江流域防洪减灾治理的目标是南宁、柳州、梧州等重点城市和珠江三角洲重点堤围达到防御100年一遇洪水以上,郁江两岸重点防洪区标准达到防御20年一遇到50年一遇洪水,主要堤防达到50年一遇的防洪标准,再遇类似1915年特大洪水,保证广州市、西江干支流城市和珠江三角洲重点堤围的安全。

(一)进一步加大水利工程建设力度

随着国家经济社会发展和国力的增强,要根据流域暴雨洪水的演变规律,科学规划、统筹安排、精准布局流域重要节点、重要区域的水利工程设施,按防洪减灾和洪水资源化利用的高标准再规划建设一批必要的大、中、小水库等水利工程,特别是流域上游控制性水利枢纽工程,满足防洪减灾拦蓄洪水和洪水资源化利用的基本要求,把洪灾镇住,让洪水留下。广西是西江流域的主要区域,占西江流域总面积的近90%,而且位于西江的中上游,是流域水利工程建设布局的重点地区,要争取国家和下游经济发达地区广东的大力支持,根据国家对西江流域水利工程建设的总体规划和现有水利工程设施的不足,再补充建设一批流域控制性水库和水利枢纽。目前,国家规划的西江干流的控制性水利工程龙滩水利枢纽工程已经先期建成,大藤峡水利枢纽工程也已基本建成,通过相关防洪库容的联合运用,对下游西江两岸和珠江三角洲地区100年一遇以上的防洪要求及珠江口压咸补淡已经产生积极效用。郁江流域的控制性水利工程百色水利枢纽和老口水利枢纽也已投入使用,广西首府南宁市的防洪标准已达100年一遇以上,与其他相关水库联合调蓄可达200年一遇的较高标准。保护广西重要工业城市柳州的柳江控制性防洪工程落久水利枢纽工程已经投入运行,洋溪水利枢纽工程还在规划建设当中,洋溪水利枢纽建成后与落久水利枢纽联合运用,结合柳州市区堤防,可将柳州市防洪能力由50年一遇提高到100年一遇。其他国家规划的流域控制性水利工程也应抓紧落实,以最终实现西江流域防洪减灾的治理目标。广西还要抓住国家大力支持从西津水利枢纽南出北部湾的"平陆运河"规划建设的契机,早日实现工程全面开工。工程早日建成投入使用,不但可以为西部陆海新通道提供大运量、低成本的运输新通道,也可在汛期分流西江流域上游部分洪水出北部湾,减少西江下游的防洪压力。

(二)进一步建设加固流域重要区域江防大堤,筑牢防汛安全屏障

西江流域不少江防设施已经运行多年,防洪标准低,病险堤段不断增多,安全隐患突出,已经不适应经济社会发展、人民对美好生活向往和生态文明建设的基本要求。要通过新建和加固堤防、岸坡防护、排涝设施等措施,提高西江沿岸防洪能力,完善流域防洪减灾体系,保障百姓生命财产安全和经济社会可持续发展。西江流域的防洪堤防工程建设重点在中下游,特别是广东珠江三角洲地区。珠三角地区是国家重点规划建设的世界级大湾区——粤港澳大湾区,目前,湾区人口达七千多万,年国民生产总值达10多万亿元,防洪减灾压力巨大。要兴建一批分洪、蓄洪工程,修建更多大、中、小水库,重点治理一

些重要城市河段的堤防,如西江梧州、柳江柳州、漓江桂林、珠三角防洪区大堤等,进一步筑牢流域防洪安全屏障。

(三)实施退田还湖,疏浚河道

流域防洪治理科学的态度应该是严防有度,一些重要城市、关键目标要确保一定的设防标准。但是,更应该转变观念,与洪水为友,要想办法让洪水尽可能多点留下来。西江流域的山塘、水库、湿地等星罗棋布,这是洪水自然调节生态系统中的重要家园。要进一步通过退田还湖、还湿,不断扩大洪水的生态家园,而人居环境要自我设限,在不淹耕地、不淹村、不增加淹没损失的前提下,充分利用流域的河网、洼淀、塘库,引水入库,调蓄洪水,回灌地下水,把洪水留住。中下游地区,特别是珠江三角洲地区地势平坦,容易造成河道泥沙淤积,致使流水不畅,河床上升,堵塞河道,要定时进行河道疏通,加固堤坝,增强防洪能力。

(四)充分发挥水利部珠江水利委员会的流域管理职能

在珠江水利委员会统一管理下,全流域一盘棋,统筹指挥,综合运用流域现有防洪水利枢纽的防洪库容,依据流域相关水文测站对洪水的预测预报数据和水文大数据技术,科学研判重要区域、重要水库上下游水情变化趋势,开展精准联合调度,调蓄洪水。要进一步开展全流域防洪联合调度方案和水资源联合调配方案的科学研究工作,构建全流域统一的防洪和水资源调度系统,不断完善具体方案的实施细则,尽最大可能保障流域综合安全利益,同时实现洪水的资源化利用和流域防洪效益最大化。

当然,实事求是讲,要完全消除洪水灾害是不可能的,通过无限度地投入水利工程和防洪设施的建设来防范水患是不现实也没必要的,应该从防洪效益、经济效益和生态文明建设综合来考虑,统筹运用各种防洪治理措施才是西江流域防洪减灾治理的科学态度和科学方法。

第二节　进一步推进植树造林和生态修复工程

森林是流域生态系统中最重要的组成部分,森林在涵养水源、调节气候、保持水土、保持生物多样性等方面都有极其重要的作用,是流域防洪减灾、抗旱保水的重要屏障,是洪水资源化利用的重要载体之一。

一、珠江—西江流域森林生态系统的现状

珠江—西江流域流经广西、广东、贵州、云南等省份,流域面积 35.3 万

km², 其中广西就占了 90% 左右。经过改革开放四十多年来全流域采取封山育林、退耕还林、退耕还湖、退牧还草等强力措施，且国家工业化进程快速发展，大量农民外出或迁移珠江三角洲和其他城市务工定居，农村居住人口急速下降，人类对流域自然生态的干扰得到有效减缓，流域生态得到一定程度的休养生息。开展大规模的造林绿化运动，进行生态修复，使生态逐渐恢复自然生态。流域经济建设与生态系统保护初见成效。至 2020 年，广西的森林覆盖率达 62%，云南 55%，贵州 44%，广东 54%，流域平均覆盖率约为 54%，是我国森林覆盖率最高的区域之一。但流域森林生态系统的构建和森林覆盖率还有很大提升空间。

（一）实施一系列重点生态建设、生态保护工程与措施

流域各级政府加强生态建设与保护，实施珠江流域防护林工程、造林绿化工程、石漠化综合治理、水土流失综合治理、自然保护区建设、湿地保护与恢复等重点生态建设与保护工程。重点生态功能区域生态保护政策和机制初步建立，实行重点生态功能区域生态环境质量评估考核机制、生态环境保护绩效与财政转移支付挂钩制度。根据国家社会主义新农村建设和美丽乡村建设的总体要求，对农村环境进行了综合连片整治，有效改善了流域农村人居环境，乡村环境卫生和面貌明显改观。

（二）生态环境监管和资源开发环境准入制进一步强化

根据国家颁布的西江流域主体功能区规划，确定了流域各主体功能区定位，确立了用水总量控制、用水效率控制和水功能区限制纳污总量控制"三条红线"，明确了生态保护目标任务。严格各类开发建设项目的环境准入，确保生态保护和恢复措施落实。

（三）污染防治力度不断加大

目前，流域所有市县已建成城市污水处理厂和无害化垃圾处理厂。对重点企业、重点行业环境安全隐患开展大排查、大整治，推进了企业污染治理和环境管理。流域农村水环境综合治理和保护也得到重视和加强。近年来，西江干流及主要支流年度水质状况总体优良，城市环境空气质量整体处于良好水平。

经过最近几十年，特别是改革开放四十多年来的努力，西江流域生态环境状况基本稳定，保持向好。

二、流域生态系统存在的主要问题

（一）流域森林生态系统的水源涵养功能衰退

新中国成立以后，特别是改革开放四十多年来，随着流域人口增加以及农

业和城镇扩张,交通、水利水电设施建设,矿产资源开采,森林资源过度开发,人工经济林规模扩张过大等导致流域植被破坏。不合理的土地利用,特别是陡坡开垦、围湖造田,森林、草原、湿地等自然生态系统遭到破坏,湿地萎缩、面积减少,湖泊的蓄水能力下降。一些因无序开发而被破坏的区域,虽然经过生态修复,但生态系统结构归于单一,质量低下。这些因素的综合影响导致流域水源涵养功能衰退。

(二)流域上游石漠化危害依然严峻,水土流失严重

西江上游的广西、云南、贵州的部分地区石漠化危害依然严峻。石漠化地区山地岩石裸露率高,土壤少,贮水能力低,大雨极易导致山洪、滑坡、泥石流发生。加上地下岩溶发育,岩层漏水性强,又容易引起缺水干旱。导致水旱灾害交替发生,几乎连年旱涝相伴。截至 2022 年,滇、黔、桂三省份石漠化面积达 2.3 万平方公里,主要集中分布在广西百色、河池、崇左及南宁交界处,云南东部文山、红河、曲靖、昭通等地,贵州省包括毕节、六盘水、安顺西部、黔西南州、遵义、铜仁地区等。其中,广西岩溶地区石漠化土地面积一度达 153.29 万公顷,占全区总面积的 6.5%,而广西百色、河池等地是流域石漠化最集中的地区,水土流失最为严重。

石漠化岩溶地区人口密度大,经济发展水平低,大都属于贫困山区,群众生态意识淡薄,各种不合理的土地资源开发活动频繁,主要表现为:

1. 乱砍滥伐,破坏森林。新中国成立以来,石漠化岩溶地区先后出现几次大规模砍伐森林资源,导致森林面积大幅度减少。不少地方群众生活能源主要靠薪柴,特别是在一些缺煤少电、能源种类单一的地区。

2. 过度开垦,水土流失。岩溶地区山多耕地少,为保证足够的耕地,解决温饱问题,当地群众往往通过毁林毁草开垦,刀耕火种、陡坡耕种、广种薄收的方式来扩大耕地面积,增加粮食产量。由于缺乏必要的科学耕种方式和水土保持措施,土壤流失严重。

3. 过度放牧,破坏植被。岩溶地区散养牲畜,不仅毁坏林草植被,且造成土壤易被冲蚀。据测算,一头山羊在一年内可以将 10 亩 3~5 年生的石山植被吃光。

这些人为因素导致森林植被受到严重破坏,水土流失,加速了石漠化发展,形成的石漠化土地占石漠化土地总面积的 74%。

(三)造林绿化管护水平低

在西江流域绿色生态建设中,由于管理维护不到位,有些地方年年造林不见林,还有不少裸露的山体,仍存在绿化建设水平低、森林质量总体不高的问题。全面提高森林覆盖率,增强流域森林植被涵养水源、保持水土和净化水质

等生态功能,把洪水留住,切实打造好生态西江、环保西江和绿色西江,为流域防洪治理提供绿色屏障依然任重道远。

三、构建珠江—西江流域森林生态系统对策建议

（一）持续开展植树造林,构建最强大的森林生态系统

森林生态系统是流域国土最重要的海绵体之一,青山常在,碧水才能长流,森林总是同水联系在一起。大雨降落到森林里,一部分被树冠截留,大部分落到树下渗入疏松多孔的林地土壤中被蓄留起来,有的沿着土壤深层和岩石缝隙,以地下水的形式缓缓流出。根据科学测算,森林生态系统截留水量可达年降水量的 20％～30％。有的被林中植物根系吸收,有的通过蒸发返回大气,据测算,1 公顷森林一年能蒸发 8000 吨水,使林区空气湿润,降水增加,冬暖夏凉,这样它又起到了调节气候的作用。而且森林能防风固沙,防止水土流失,狂风吹来,它用树身树冠挡住去路,降低风速,树根又长又密,抓住土壤,不让大风吹走。据非洲肯尼亚的相关统计记录,当年降雨量为 500 毫米时,农垦地的泥沙流失量是林区的 100 倍,放牧地的泥沙流失量是林区的 3000 倍。所以,每增加一片森林,就可截留一部分降雨,减少一分降雨径流,降低一分洪水的危害,并可把有害的洪水变成有益的水资源,实现洪水的资源化利用。

不断增加森林植被,提高森林覆盖率,恢复植被自然生态,是治水最重要、最关键的一环。森林植被是涵养水源,迟缓洪水形成时间,降低洪水量级的重要载体,是防洪减灾的重要屏障,更是生态美最直观的体现。要把流域造林绿化,不断提高流域森林覆盖率,持续开展生态修复,当作是做好流域防洪治理最重要的工作来抓。

1. 不断加大植树造林力度,做好荒山绿化、城市绿化、村屯绿化,应绿未绿的国土都要尽快绿起来。植树造林,保持水土,合理利用水资源,减少水资源的浪费。

2. 丰富石漠化治理措施。通过实施新一轮退耕还林、珠江防护林、森林生态效益补偿等林业重点生态工程项目,实行"封（封山育林）、造（人工造林）、退（退耕还林）、管（林木管护）、沼（建沼气池）、补（生态补偿）"六字建设措施,使岩溶地区生态环境得到明显改善。在石漠化生态极度脆弱地区,结合农村扶贫搬迁措施,进行人口转移,降低脆弱区生态压力。至 2019 年,广西石漠化土地净减 20.2％,净减面积超 1/5,取得了一定成效。但由于石漠化范围太广,资金投入不足,治理任务仍相当艰巨,需要进一步加大投入力度。

3. 要做好森林资源的科学合理利用。适度索取,快速修复,控制好人工经济林的规模,切实保护好具有生态功能的生态天然林,只做"加法",不做"减

法"。西江流域的主要省份广西是全国的森林资源大省,截至 2022 年,森林覆盖率达 62％,人工林和经济林面积排全国第一,特别是速生丰产林桉树的种植。但速生桉树的大规模种植对生态环境会造成一定的破坏,要总量控制,并不断缩小规模。

4. 做好流域生态功能区划分,严格按照生态功能区的发展定位开展经济社会活动。在生态功能区要绝对禁止人工林的营造,恢复自然生态。

5. 认真落实生态补偿制度,合作共赢,使生态建设能够可持续发展,实现生态文明建设的最终目标。

(二)树立"海绵国土"新理念,构建最完善的流域海绵体系

把海绵城市的建设理念推广到流域国土的治理上来,科学规划流域各种海绵体的建设和维护。流域国土海绵体包括森林、草原、水库、湖泊、湿地和各种水利工程设施等,吸(蓄)尽可能多的洪水。城市的防洪保障,不可能靠城市本身这个点来真正解决,海绵城市建设只能解决暂时的、局部的防洪、排涝和生态问题,流域性的大洪水,最终还是要通过构建流域国土的海绵体系才能实现。要树立"山水林田湖草是命运共同体"的理念,开展全方位、全流域、全过程、系统性的综合治理。

1. 根据流域雨水年径流总量控制率的刚性指标及流域历史极值洪水来规划流域的海绵体建设,因地制宜布局各种数量的国土海绵体,包括森林的覆盖率要达到多少,水库、湿地要建多少等。

2. 通过流域国土海绵体的吸水、蓄水、渗水、净水、释水等作用,实现洪水的资源化利用,产生防灾降灾效应。

3. 流域国土是生态文明建设的空间载体,必须珍惜每一寸国土,要优化国土空间开发格局,进一步建立健全国土空间生态功能区规划体系,落实生态功能的分类管理,严格控制国土开发率和开发强度。

4. 大力推进城镇化建设,人居空间和工农业发展空间要集约化布局,构建完备的国土海绵体系,进一步通过退耕还林、还湖、还湿,扩大森林、湖泊、湿地面积,山水林田湖草统筹系统治理,保护生物多样性。

(三)结合乡村振兴工程,建设美丽乡村

1. 实施乡村危旧民宅整理。要结合正在全国开展的乡村振兴工程和城镇化建设,开展农村危旧民宅整理,集约居住,住宅的周围多建公园、绿地、水体,持续扩大生态系统面积,优化人居环境和生态环境。

2. 实施乡村生态振兴。我国珠江—西江流域所处的西南地区,很多地方的山区乡村,特别是远离城镇的山村,经过最近几十年的人口转移,大部分的青壮年劳动力都到城镇务工、创业或定居,山林土地的人为干预变弱,可以把

这样的低效农业空间转换为生态空间,恢复原有自然状态,发挥生态功能作用。

3. 实施乡村"四治"工程。即做好"治垃圾、治污水、治厕所、治村容村貌"工程。

4. 坚守生态红线。控制国土的开发率和开发强度,确保留足生态空间,给洪水让路,这也是为我们人类自己留足宜居空间。

农村地区是流域国土生态建设的主阵地,只有建设好"美丽乡村",才能真正实现"美丽流域""美丽中国"建设的宏伟目标。

如何进一步开展流域的防洪治理,确保江河安澜及流域的经济社会可持续发展,这是流域各级政府必须时刻考虑的重大社会民生问题。应坚持"绿水青山就是金山银山"的生态文明发展思路,把生态建设放在流域的经济社会发展优先的地位。生态兴则文明兴,生态衰则文明衰。人与自然是生命共同体,人类必须尊重自然、顺应自然、保护自然。应该像党的十八大报告中强调的那样:"把生态文明建设放在突出地位,融入经济建设、政治建设、文化建设、社会建设各方面和全过程"。生态文明建设是经济持续健康发展的关键保障,生态文明建设事关人民福祉、民族未来。

流域生态系统的恢复重建是一个非常漫长的过程,流域的防洪治理和生态建设必须综合运用各种有效措施,科学统筹实施。

第三节　科技助力提高洪水预测预警能力

洪水预测预警及预报在流域各级政府防汛抗旱指挥决策中发挥着越来越关键作用,是实现洪水的资源化利用,流域水资源的开发、配置、利用、管理及保护,水利工程建设管理,国家基础设施工程建设等事关国计民生的重要基础性工作,是防洪减灾害重要的非工程措施。

一、流域水文监测系统建设情况

西江流域的水文监测系统建设时间并不长,清朝末年至民国初期,随着国门慢慢打开,西方水利技术开始引进,我国对江河的治理逐渐进入科学技术时代,才逐渐开始对江河实施科学的水文监测。1897 年,西江流域第一个水文站在广西龙州建立。1899 年,英国人在广东三水北江边建立三水海关,开始用木质水尺观测水位,收集水文资料,成为广东最早的水文站之一。1900 年,西江流域的重要防洪城市梧州也开始在市区旧海关码头设立起水尺观测记载水位,开始了对流域进行水文监测的历史。但是,由于战乱和社会动荡以及科学技术发展水平的限制,水文监测工作断断续续,极不完整,流域水文水情资料大量丢失、缺失。新中国成立后,水文工作才得到重视,流域水文监测才真正步入连续性、规范化的发展阶段。一百多年以来,西江流域各水文站点、水文监测部门采集积累了数以亿计的水文科学数据,为流域的防汛抗洪、防灾减灾、除害兴利提供了大量可靠依据,并广泛应用于水利、交通、航运、铁路、工业、农业、环境等国家基础设施建设领域。

新中国成立前,西江流域的主要区域广西仅有水文站点 11 个、雨量站 60 个、蒸发站 13 个,从业人员仅 45 人,设备简陋。新中国成立后,作为水利建设的尖兵、防灾减灾的耳目和参谋、经济社会建设的重要参考,西江流域才逐步建成一个初具规模的水文站网系统,流域各级水文机构日趋完善,人员不断充实。改革开放后,随着国家经济社会的快速发展,目前,西江流域基本建成功能齐全的水文测报体系和服务体系,基本满足流域防汛抗旱、水资源开发利用与管理保护、水利工程建设与管理、经济社会民生工程建设等对水文信息的基础性需求。截至 2022 年,广西壮族自治区就已建成水文站 136 个、报汛站 286 个、雨量站 656 个、蒸发站 70 个、泥沙测验站 22 个和水质监测站 121 个。西江下游的广东省也有水文站 80 个、报汛站 286 个、雨量站 162 个、泥沙测验站 39 个、蒸发站 35 个和水质监测站 291 个。最上游的云南、贵州,也基本建成等量的相关水文观测站点。一个布局比较合理、观测项目比较齐全的西江流域水文站网监测体系基本建成,为流域防灾减灾、水资源开发利用和经济社会发展提供了主要功能满足正常需求的水文基础信息和技术支撑。

二、流域水文监测系统建设存在的问题

西江流域水文站网建设经过新中国成立后七十多年,特别是改革开放四十多年的快速发展,已基本能满足流域防汛抗洪、防灾减灾、除害兴利对水文水情信息技术的要求,为流域经济社会发展提供了比较充分的水文水情信息和技术保障。但随着人类活动和工业化的快速发展,全球气候变暖,对流域生态系统的人为干扰不断加剧,流域水文生态特征更加不稳定,降雨的时空分布极不均衡,局部性暴雨灾害,枯水期流量锐减,洪涝与干旱、水源性缺水、水质性缺水和工程性缺水并存等问题日趋严峻,这是现代社会面临的水情新困境,现有水文水情监测系统和技术水平尚不能完全解决这些新难题。

(一)中小流域山洪灾害防治还未真正解决

西江流域各主干流域和重要支流都已经建立比较完备的水文监测系统,对水情的监测基本能满足防灾减灾的信息要求。但一些远离干流的中小流

域,特别是中上游地区,山高谷深、山川河流众多,地质地形复杂,这些区域的水文站网设置明显不足或缺失,山洪灾害防御监测与预报还严重缺位。即使是像广东省这样的经济发达地区,据统计全省还有 9 条集水面积 1000km² 以上的小流域没有水文(位)站开展水文监测,还有 26 个县级城镇不具备水情预警预报能力。山洪灾害时有发生,由于缺乏预警预报,造成的人员和经济损失越来越大,成为当前全社会都非常关注的防洪治理突出问题之一。

(二)对流域水资源的有效利用、配置、监测、管理和保护还不到位

西江流域是我国水资源总量居仅次于长江流域的水资源富集地区,多年平均水资源总量达 2330 亿立方米。但每到秋、冬季的枯水期,流域四省份特别是广西、广东同样存在缺水现象,这主要是对水资源利用、配置、管理不到位所致。由于流域的水利设施的建设和森林生态系统的构建还不完备,洪水的资源化利用还有很大空间。在汛期,大量的洪水沿着西江滚滚东流从珠江口注入南海,宝贵的水资源就这白白浪费掉。另外,由于对水资源的保护监测体系建设还不完善,对洪水的预测预警特别是中长期的预测预警还不够准确,在防洪减灾和洪水的资源化利用上,流域各大水库对水资源的储蓄调度不够科学协调,水文站网设置布局还未能有效地监测水资源的时空变化。在枯水期对流域各大水库实施水资源统一配置时,无法监测枯水流量的空间分布情况,不能对水资源统一调配提供精确的调度依据,也不能满足城市防洪和城市水资源管理的需要。这需要全流域的水资源合理配置方案的制定和实施,实行最严格的水资源管理制度。

可喜的是,2020 年,国家发展和改革委员会、水利部印发了《关于西江流域水量分配方案的批复》,批复要求:

1. 要将水量分配方案实施作为最严格水资源管理制度重要内容,实行水资源管理行政首长负责制,明确责任,加强管理,完善措施,强化监督管理和绩效考核,强化水资源节约利用。

2. 将水量分配方案的实施纳入地方经济社会发展规划,按照确定的水量份额,以水定需、量水而行,实行用水总量控制,确保不超水资源承载能力。

3. 加强水资源统一调度管理。将强化水资源统一调度管理作为落实水量分配方案的重要举措。珠江水利委员会负责组织实施西江流域水资源统一调度,组织制定流域水量调度方案、年度水量分配方案和调度计划,组织实施水量统一调度、流域用水总量控制和主要断面下泄流量水量控制。加强控制断面监控设施建设,全面提高水资源监控管理能力。

(三)对流域旱情的预测预警和评估缺位

西江流域的汛期主要集中在每年的 4～9 月,特别是 6、7、8 份是汛期最

高峰,全年降雨的 80％左右在这段时间发生,其他时间为枯水期。受到流域气候条件和地质地理等因素的影响,降雨的时空分布不均衡,汛期之外的时期也会经常遭受干旱困扰。特别是随着全球气候变暖大背景的影响,旱情有越来越严重的趋势。随着流域经济社会的快速发展,人口持续增加,工业、农业和城市生活用水量越来越大,因旱情发生而产生的经济损失越来越严重。但是,社会更关注的可能是洪涝灾害,水文监测体系主要关注的还是洪水,对旱情的监测和评估严重缺位,缺乏对旱情信息的有效收集、分析和评估,更无法对流域的旱情进行有效的预测预警,需要引起各级政府和全社会的重视。

（四）对流域水生态系统缺乏有效的监测评估和管理

随着工业化和农业产业化的快速发展,城市化进程的进一步加快,人类对流域自然生态的人为破坏和干扰进一步加剧,水体污染、湖泊面积减少、湿地退化、河道断流、地下水位持续下降等问题越来越严重。流域水生态监测评价和城市水文监测工作才刚刚起步,还无法满足对流域水文工作提出的新要求。

（五）水文水情的科学研究与信息技术特别是大数据技术的发展趋势还有一定差距

随着"数字地球"、GIS 遥感技术、计算机技术等现代自动化、智能化科学技术和技术装备在水文水情监测中的广泛应用,水文水情信息已经开始向大数据方向发展。在当今这个大数据时代,如何进行水文大数据的收集、处理、分析,利用大数据技术开展流域洪水、旱情预测预警和预报,从水文大数据中挖掘出进行流域防洪治理的有效信息,应该是现代水文水情研究面临的新发展方向。然而,由于水文系统对大数据技术研究和人才储备没有跟上时代发展的步伐,水文大数据的应用还在起步阶段。

三、进一步加强流域水文监测系统建设对策建议

要根据流域经济社会发展和水利中心任务,围绕防灾减灾、实施最严格的水资源管理、生态文明建设等时代新要求,针对在山洪灾害、水资源管理、城市防洪、旱情评估、水生态监管、水文基础研究等方面存在的问题,逐步建立更完善的水文信息技术与服务体系,进一步完善织密各类水文监测站网,特别是中小流域水文监测站点,建成布局更合理、功能更齐全、技术更先进、反应更快速的水文水资源监测体系,不断提高测报、预报水平和能力,为水资源可持续利用和经济社会可持续发展提供更有力的技术支撑[61]。要不断提高自身能力和水平,充分发挥站网优势、监测优势、技术优势和队伍优势,根植水利,面向社会做好服务。要加强水文大数据技术的研究工作,通过大数据技术实现洪水更准确及时地预测预警及预报。建立流域的气象、地质、水情等大数据系统,

确保相关水文数据信息的充分有效处理和使用,不断提高对洪水及旱情的预测预警水平。

1. 加强、补充、完善中小流域水文监测站点、地下水监测站网、城市水文监测站网、水生态监测站网、旱情监测站网等站点、站位、站网建设,并实现多网合一、数据共享,开展全要素的流域水文水情监测。

2. 加大水文大数据信息收集站点设施设备的建设,不断完善织密监测站点,满足水文大数据收集、处理、分析的具体技术要求。

3. 加强多库合一的建设,实现数据共享。健全流域水文、气象、地质、环境、资源、自然灾害等监测网络体系和监测信息共享机制,构建相关大数据系统,实现"数字流域"。要保证各种数据包括气象数据、地质数据、环境数据、各种水文水情数据收集通道的通畅,通过多库合一,加强水文数据的收集,确保相关水文数据信息的充分有效处理和使用,为利用大数据进行水文分析打下基础,不断提高对洪水和干旱的预测预警水平。

4. 强化人才队伍建设。水文大数据的使用涉及水文、气象、地质、数学、统计、计算机、信息等多学科,要有计划吸纳各方面的人才,构建能正常开展水文大数据处理的水文人才队伍。

第四节　全流域一盘棋统筹协同发展

为落实《环境保护法》《中共中央、国务院关于加快推进生态文明建设的意见》等关于加强重要区域自然生态保护、优化国土空间布局、增加生态用地、保护和扩大生态空间的要求,受党中央、国务院的委托,2015 年 11 月 13 日,原环境保护部和中国科学院在 2008 年印发的《全国生态功能区划》的基础上,联合修编印发了《全国生态功能区划(修编版)》。生态功能区的划分,是在充分认识生态系统结构、过程及生态系统服务功能空间差异规律的基础上,为了推进生态文明建设和优化国土开发格局,运用生态学原理,以协调人与自然的关系、协调生态保护与经济社会发展关系、增强生态支撑能力、促进经济社会可持续发展为目标进行。生态功能区的划分对指导我国生态保护与建设、自然资源有序开发与产业合理布局,推动我国经济社会与生态保护协调、健康发展都具有重要意义。

一、西江上游生态功能区定位

根据《全国生态功能区划(修编版)》生态功能区划分定位,西江流域上游的云南、贵州、广西是西江流域重要的水源涵养、生物多样性和土壤保持生态功能区。该区域主要受中亚热带季风气候影响,南部地区偏向热带季风气候,热量丰富,雨水丰沛,森林和生物资源丰富,水资源总量和森林覆盖率均居全国前列,是珠江—西江水系的重要水源涵养区。同时,该区域喀斯特地貌类型发育,石漠化现象严重,生态脆弱,水土流失敏感度高。由于长期存在不合理的土地开发利用,森林过度砍伐和矿产资源无序开采,原始森林生态系统一度遭到严重破坏。为了发展地方经济,人工经济林的面积不断扩大,如广西的速生桉树种植,破坏了大量的原生生态森林和自然植被,造成水土流失严重,水源涵养能力降低,流域的生态功能明显减弱。加上人口剧增、工业化和农业产业化的无序发展,水质污染严重,流域生态系统产生严重退化。不但对自身,进而对下游的珠江三角洲地区产生严重影响,洪水、干旱和生态污染的多重威胁,成为西江流域滇、黔、桂、粤四省份经济社会发展的共同困扰,流域防洪治理和生态建设任重道远。

二、下游广东珠江三角洲地区功能定位

下游的广东珠江三角洲地区,河网密布,地势平坦,毗邻港澳,地理位置优越,交通便利,人才、资本、劳动力密集,经济高度发达,是世界工厂集中地之一。历史上广东就是商贸发达之地,人文因素得天独厚,且得改革开放先行之风带来的体制、政策优势,使得珠江三角洲地区已经通过在先行阶段的比较优势所形成的发展模式获得了强大的比较竞争力,从而得以继续保持其领先于其他区域的比较优势,最近三十多年来一直保持国内经济第一大省的地位,全国经济贡献率达10%以上,是国家财政税收收入的绝对大省,财力雄厚。

国家层面对珠江三角洲地区的功能定位是:通过粤港澳的经济融合和经济一体化发展,共同构建有全球影响力的先进制造业基地和现代服务业基地,南方地区对外开放的门户,我国参与经济全球化的主体区域,全国科技创新与技术研发基地,全国经济发展的重要引擎,辐射带动华南、中南和西南地区发展的龙头,我国人口集聚最多、创新能力最强、综合实力最强的三大区域之一。在《全国生态功能区划(修编版)》中,珠江三角洲地区也被定位为我国三大都市群生态功能区之一。从国家对珠江三角洲地区功能定位可以看出,其主要作用是为国聚财,发挥龙头作用,带动华南、中南和西南地区共同发展,成为国家经济发展的主要中心之一。

然而,由于改革开放之初高投入、高消耗、高污染、低效益的粗放型经济增长模式也给该地区带来了一系列严重环境问题,地理地貌特征决定了珠江三角洲地区环境的承受能力是比较脆弱的,随着经济进一步高速发展,环境承载

力严重超载,生态功能降低,污染进一步加剧,人居环境质量下降,可持续发展能力面临极大挑战。

三、认真落实流域生态功能定位对策建议

珠江—西江流域的滇、黔、桂、粤等各级政府应抓住国家珠江—西江经济带发展战略的实施,在中央相关部门的统一协调下,做到全流域一盘棋,共同抓好治水和流域防洪治理这篇大文章,统筹协同发展。要明确各自的生态责任和发展约束,落实好流域发展生态功能区划分,上游省份要为流域多负生态责任,作出必要的发展约束,下游省份应按国家相关政策对上游生态功能区作出合理的生态补偿。上下同心,形成合力,协同发展。

(一)对于上游滇、黔、桂及粤部分属于水源涵养、生物多样性和土壤保护区域的建议

1. 适时调整产业结构,加速城镇化和新农村建设的进程,加快农业人口的转移,降低人口对流域生态系统的压力。对重要水源涵养区建立生态功能保护区,加强对水源涵养区的保护与管理,严格保护具有重要水源涵养功能的自然植被,限制或禁止各种损害生态系统水源涵养功能的经济社会活动和生产方式,如无序采矿、毁林开荒、湿地和草地开垦、过度放牧、道路建设等。

2. 全面停止天然林商业性采伐,全面实施保护天然林、退耕还林、退牧还草工程,严禁陡坡垦殖和过度放牧。发展农村新能源,保护自然植被。继续加强生态保护与恢复,恢复与重建水源涵养区森林、草地、湿地等生态系统,提高生态系统的水源涵养能力。坚持自然恢复为主,严格限制在水源涵养区大规模人工造林。特别是广西的速生桉树的种植规模要有计划分步骤缩小,换种其他生态树种,逐渐恢复自然植被。速生桉树因其速生性,需要供给大量的养分,成长过程对土壤肥力、水分的消耗很大,不利于涵养水源,保护植被。

3. 开展石漠化区域和小流域综合治理,协调好农村经济发展与生态保护的关系,恢复和重建退化植被。加大流域绿化投入和公益林补偿力度,提高荒山和石漠化应绿未绿地区的植树造林质量和水平,不断提高流域森林覆盖率。控制水污染,减轻水污染负荷,禁止导致水体污染的产业发展。在水土流失严重并可能对当地或下游造成严重危害的区域实施水土保持工程,进行重点治理。

4. 流域各省份要明确自己的流域生态责任和发展约束,按照国家制定的《全国生态功能区划(修编版)》划分定位,严格控制流域生态功能区的资源开发和建设项目的生态监管,控制新的人为水土流失。

(二)对下游主要是珠江三角洲地区的建议

1. 加强与上游滇、黔、桂三省份的联动,推动构建流域命运共同体,统筹协

调流域的生态治理和各自的关切,在产业转移、对口扶贫和生态补偿等方面对上游省份多作贡献,带动西江流域共同发展。

2. 加强城市发展规划,深入推动落实生态文明建设各项工作,持续加大生态系统保护力度,加快改善城乡人居环境。以生态环境承载力和国土空间开发适宜性评价为基础,划定生态保护红线,控制城市发展规模,规划产业方向,合理布局城市功能组团。

3. 加强生态城市建设,大力调整产业结构,进一步加快第二次产业转移,提高资源利用效率,控制城市污染,推进循环经济和循环社会的建设。经过近三十多年的高速发展,珠江三角洲地区的生产成本,包括人工成本、土地成本大幅上扬,发展劳动密集型产业的空间越来越小,进一步的产业结构调整迫在眉睫。珠三角地区人才密集、资金密集、技术密集、设备先进、管理能力强,几十年的外向型经济的发展,国际国内两个市场的沟通融合,使得产业结构优化升级成为可能。要树立全球视野和国际眼光,看齐世界水准,构建有全球影响力的先进制造业基地和现代服务业基地,真正成为全国经济发展的引擎和龙头,使环境污染得到彻底改善。

4. 加快城市环境保护基础设施建设,加强城乡环境综合整治。城镇发展要坚持科学规划,以人为本,从长计议,节约资源,保护环境。要把握经济绿色转型的机遇期,深入推进产业结构、能源结构、交通运输结构和用地结构调整优化,加快形成绿色发展方式和生活方式,转换增长动力,推动经济高质量绿色发展。把珠江三角洲——粤港澳大湾区建成我国经济社会高度发达的生态文明建设示范区。

总之,流域是一个生态共同体。流域的生态环境和生物多样性的保护和治理不仅关系到当地的经济和社会发展,更关系到整个流域生态系统的健康和可持续发展。全流域治理需要跨部门、跨地区的合作。要认真落实河长制,建立起流域联防机制,整合各方资源,形成合力。河长制作为流域治理的具体实践,需要加强对其落实情况的监督和考核。同时,要建立健全河长考核评价体系,对河长制的实施情况进行客观评估和反馈,并根据评估结果及时调整和优化工作方案。必须全流域一盘棋,进行全流域统筹治理,强化流域联动。

1. 充分发挥珠江水利委员会的作用,建立西江流域协调机制,统一指导、统筹协调西江流域保护重大政策、重大规划,协调跨地区、跨部门重大事项,督促检查西江保护重要工作的落实情况。

2. 西江流域各级河湖长、地方各级人民政府要落实本行政区域的生态环境保护和修复、促进资源合理高效利用、优化产业结构和布局、维护西江流域生态安全的责任。

3. 坚持生态优先、绿色发展。共抓大保护,不搞大开发,坚持统筹协调、科学规划、创新驱动、系统治理。

4. 组织西江流域土地、矿产、水流、森林、草原、湿地等自然资源状况调查,建立资源基础数据库,开展资源环境承载能力评价,并向社会公布流域自然资源状况。依据生态环境承载力适时调整经济社会发展规划,避免环境超载和破坏、治理、再破坏、再治理的恶性循环重复出现。

5. 加强流域洪涝干旱、森林火灾、地质灾害等灾害的监测预报预警、防御、应急处置与恢复重建体系建设,提高防灾、减灾、抗灾、救灾能力。

6. 积极探索流域科学、合理、可持续的生态补偿机制和模式。根据中共中央办公厅、国务院办公厅印发的《关于深化生态保护补偿制度改革的意见》,进一步深化生态补偿制度改革的思路框架和重点任务,组织相关部门、高等院校和科研机构,以生态产品价值核算为基础,进一步明确生态补偿的范围、内涵和外延,深入开展相关科研工作,构建科学、合理、可持续的生态补偿机制和模式。积极探索"绿水青山转化为金山银山"的途径,实现生态产品价值转化,维系流域上下游生态良性发展与经济社会可持续统筹协调发展。

7. 在流域治理过程中,还要注重公众参与和沟通,积极开展宣传教育和民主听证等活动,使公众更加理解和支持全流域治理工作。

全流域共谋、共建、共享,造就整个珠江—西江流域"天更蓝、山更绿、水更清、环境更优美"一江碧水向东流的美好画卷。

第五节　加强治水法治和治水文化建设

中国是世界上几千年来治水成功的典范,治水是农耕文明产生和得以延续的关键,是使中华文明生生不息绵绿至今的重要因素之一。从中华民族的先祖大禹治水开始数千年来积累了辉煌灿烂的治水文化,这是我们进行中国特色社会主义新时代治水和流域防洪治理的历史文化基因和智慧源泉。总的来说,治水可分为工程措施和非工程措施,工程措施包括水利工程的建设、森林生态系统的构建等物理措施,这是治水的硬实力。非工程措施包括治水法律法规体系建设、洪水预测预报系统建设和公众的治水文化建设等非物理措施,这是治水的文化软实力。科学有效的治水必须是把工程措施和非工程措施有机结合,特别是要加强治水文化的建设,构建人水关系、人与自然关系和谐的先进治水文化。中国几千年的成功治水,从来不是单靠工程措施来实现的,还要通过治水文化的积淀和塑造,形成符合当下水情的公众治水文化意识,重塑先进的治水文化开展治水活动,这里称为文化治水。

一、新时代治水文化的困境

在中国特色社会主义新时代,随着人口的激增、城镇化和工业化的快速发展,我们面临水资源极度短缺、水环境严重污染和水生态系统不断恶化的严峻形势。水问题的时空演变使新时代治水面临更为复杂的状况,已经从传统的水灾转向气候变化引起的综合性水旱灾害和极端气候事件,由一般性水短缺转向水短缺、水浪费和水污染相互作用形成的综合性缺水,由单一的常规污染转向流域性的综合污染。而且由于人为活动的加剧、水利工程的运行管理不当和公众治水文化意识与当代水情脱节,水生态恶化日益严重。这是我们当下治水面临的新时代困境,更是开展生态文明建设的水情困境。所以,新时代治水应该包括三个方面:一是征服江河和改造自然,去除水患,包括洪患和旱忧;二是充分开发和利用水利资源(包括洪水和污水的资源化利用),满足人民生产生活的用水需求,造福人类;三是治理和修复因工农业生产和现代生活方式造成的污染退化的流域水生态系统。解决这些问题除采取工程措施外,一个非常重要的途径是不断提高公众的治水文化意识。不管是个人、团体还是国家,必须重塑适应解决新时代水情困境的先进治水文化,形成治水文化自觉,工程治水和文化治水有机结合,才可能真正完成新时代治水的使命。

新的水情困境主要是由人类自己造成,问题也必须由人类自己的解决。水环境问题是人在生产和生活中对水环境产生影响的结果,所以人的生产行为和生活行为与水环境问题息息相关,水环境问题是现代社会发展过程中自然而然产生的结果,是现代社会必须面对的重大生态问题。

(一)公众水环境意识的文化困境

水环境意识是人们改造自然、利用自然的过程中,与水环境相互联系的客观事实在大脑中形成的认识,是对水环境问题的判断、态度和行为选择。意识影响行为,人的水环境意识越高,越容易采取积极自觉的水环境保护行为。如果每个人都树立起"水环境问题,我有责"的文化自觉和担当,治水的社会成本就会大大降低。当前,人们对水环境问题的敏感度和水环境保护意识还不高,对于直接关系到自己的近期的、小范围内的水环境问题可能带来的风险及危害会有较高的践行度和关注度,而对于好像事不关己的水环境公共行为就没什么深度意识,呈现出一种看客心态,关注但不行动。人们的水环境意识与行为不总是完全协调,有时是相背离的。当面临水环境问题的威胁时,就比较关心周围的水环境治理状况,但自身行为趋于保守,表现出一种看客心态,缺乏行为的参与度,体现出对政府的依赖心理。人们在很大程度上认为水环境问题的主要责任由政府承担,没有意识到水环境问题人人有责。水环境问题离不开每个人的自觉和爱护,更离不开政府、企业的责任和良心。公众还没真正意识到唇齿相依的水环境利害关系,这是水环境治理问题的公众参与困境,更是一种治水文化困境。这样的治水文化是无法解决当下的水环境治理问题的。

（二）水环境问题的个人行为困境

每个人的行为都会受到自身文化的影响,是其文化的外在体现。水环境是一个生态循环系统,每个人都处在这个系统当中,水环境问题由我们每一个个体不良的、不友好的水环境行为不当引起,某一环节出了问题,我们都不能独善其身。公众还没有真正形成积极的"水环境问题,我有责""治水成败,我有责"的治水文化意识。对水环境问题的认知、意识和行为还没有达到和谐统一。我们每一个人要对在生产生活中自身的行为进行反思,从改变生产生活这一源头做起,树立强烈的保护水环境意识,为水环境的改善做出每个人的贡献,只有这样整个大生态系统才能获得由坏向好转圜的态势。

要树立亲水、爱水、护水意识。每个人都是水环境治理的参与者、分享者、建设者。要正确认识当下水环境存在的问题,树立绿色发展、绿色生活的理念,积极参与水环境的保护行动,确保每一个人的行为都是绿色的。例如,选择污染最小的环保产品;使用无磷洗衣粉洗涤衣物;用温水洗刷碗筷,少用洗洁精;尽量循环利用资源;等等,要从长远来考虑自己日常生活的行为可能产生的生态影响,要重视一点一滴的日常生产生活中形成的治水意识,凝练成对水环境保护的理念及解决治水问题的具体行动,形成公众先进的治水文化意识。

（三）治水的法律法规困境

新中国成立以后,由于历史的原因,关于治水的法律法规建设一度滞后。1988年,中国第一部治水相关法律《中华人民共和国水土保持法》颁布实施,随后,《中华人民共和国防洪法》《中华人民共和国水污染防治法》《中华人民共和国水法》等4部治水法律和14件治水行政法规、60多件部门规章相继颁布出台。全国各级地方政府针对本行政区域内的治水问题也相应出台了800多部法规,逐渐形成了中国治水管理比较完善的法律法规体系,我国治水逐渐纳入法治轨道。但是,目前我国治水法律法规的建设还不能满足经济社会发展的需求,还不能很好地为解决当下的水情困境提供足够的法律保障。一些地方的治水法规体系存在空白或薄弱环节,已有的相关条例需要补充完善,提高可操作性和执行力度。国家治水立法和地方立法有不协调情况,如,一些罚则在实施中面临按照立法不得突破上位原则,罚款额度与违法获利相比较小,震慑力不足等。有法不依、执法不严、违法不究的情况还非常突出。

二、治水与生态文明建设

生态兴则文明兴,生态衰则文明衰。党的十八大报告中强调,生态文明建设既要与经济建设、政治建设、文化建设、社会建设相并列从而形成"五大建设",又要在经济建设、政治建设、文化建设、社会建设过程中融入生态文明的理念、观点、方法,从而把生态文明建设融入到中华民族伟大复兴和建设美丽中国的全过程,并提高到生态优先的地位。从中可以看到,生态文明建设已经成为中国特色社会主义新时代国家建设的核心工程。新的时代,任务和目标发生了改变,已经进入了重视生态文明建设的新阶段。而水是生产之要、生态之基,生态文明建设的关键和核心还是治水,天蓝、地绿、水清、空气新鲜是生态文明最直观的体现,治水贯穿生态文明建设的全过程。治水就要绿色发展,优化环境。人民对美好生活的新追求,非常重要的一个方面就是对美好生态的追求。生活环境生态宜居,百姓才能安居乐业。生态美是人民美好生活的最重要指标之一,而治水是生态文明建设的关键和重要组成部分。进行生态文明建设,对治水提出了时代的新要求,要有新的认识,新的方法和新的举措,归结为我们要积淀、创造和塑造适应新时代发展的先进治水文化。有了意识和行为上的治水文化重塑,才能形成治水的文化自觉。

三、文化治水对策建议

中国几千年的成功治水,从来不是单靠工程措施来实现的,还要通过治水文化的积淀和塑造,形成符合当下水情的公众治水文化意识,通过重塑先进的治水文化开展治水活动,实施文化治水。

(一)构建符合新时代要求的治水法律法规体系

"法,国之权衡,时之准绳",治水法律法规的建设属于治水文化建设范畴。从治水的历史维度来看,治水的法律、法规和管理制度总是和治水相生相伴,没有法律法规和严格执法的保障,治水是不可能可持续发展的。中国特色社会主义新时代,必须针对解决新时代存在的水情困境制定一系列适宜的治水法律、法规和管理制度,有效约束和规范现代治水行为。

针对目前在治水立法当中国家和地方存在的不协调,建议国家层面要加强对地方治水立法工作的指导,形成上下联动,上为引领支撑,下为细化补充的立法环境,不断完善我国的治水法律法规体系。珠江—西江流域作为我国水资源和航运量均居全国第二位的重要黄金水道,滇、黔、桂及粤港澳大湾区的生命之源,要进一步加强专门针对全流域综合治理的法律法规体系建设,强

181

化立法保护。可喜的是,目前,国家也制定了一些针对珠江—西江流域治理的法规制度,如 2020 年,国家发展和改革委员会、水利部印发了《关于西江流域水量分配方案的批复》等,但还远远不够,要进一步打造像长江流域治理的《中华人民共和国长江保护法》《长江流域综合规划》《长江流域综合治理与开发》等针对珠江—西江全流域综合治理的法律法规,同时更需要进一步加强治水执法力度,不断发挥相关法律法规的执法效能,为把珠江—西江流域发展成为山川秀美、生态优良、经济繁荣、人民幸福的国家重要经济带和经济增长极,实现西江流域生态文明建设的宏伟目标提供切实的法律保障。

(二)重塑新时代先进治水文化

文化治水就是要通过重塑适应新时代发展要求的治水文化,进行治水文化赋能,树立大众的治水文化自觉,达到治水的目的。要准确把握新时代的先进治水文化方向,构建和重塑适应新时代治水的先进治水文化,树立像"绿色发展""绿色生活""四水同治""五水共治""海绵国土""绿水青山就是金山银山"等符合中国国情的先进治水文化认知,要通过这样的先进治水文化引领治水大业。

1. 要结合国家的发展战略进行重塑。党的十八大报告提出要把生态文明建设放在经济建设、政治建设、文化建设、社会建设"五大建设"优先的地位,并贯穿"五大建设"的全过程,这就是新时代国家发展的重大战略,是对国家建设新的文化认知。

2. 要结合国家的环境现实进行重塑。我们国家面临的环境现实是资源约束趋紧、环境污染严重、生态系统退化的严峻形势,特别是水资源的短缺、水环境的污染、水生态系统的退化,洪涝与干旱灾害频发。针对这样的环境现实,我们必须打造破解当前水情困境相应的治水文化。

3. 要结合国民的水环境意识进行重塑。充分利用各地的治水历史文化遗存,建立各种形式的水情教育基地,结合每年 3 月 22 日"世界水日"和"中国水周"纪念活动等,开展丰富多彩的公众治水文化教育,提高民众对水的保护意识,重构符合新时代要求的治水文化。树立绿色发展、绿色生活的理念,积极参与水环境的保护行动,确保自身的行为都是绿色的、环境友好的。

4. 要结合全球的气候变化规律进行重塑。由于工业化的迅猛发展,温室气体超量排放,全球气候变暖已经是不争的事实。我国已经提出 2030 年"碳达峰"和 2060 年"碳中和"的明确目标。要按照绿色、低碳、循环这样的生活方式重塑我们每个人的生活习惯,通过每个人的具体行动,逐步强化形成一种治水文化自觉。

5. 要结合治水的制度建设进行重塑。治水的制度建设是治水文化重塑的重要方面,要针对当前经济社会发展趋紧的水资源约束和水污染问题的现实,制定水安全保障的战略,做好用水、管水、治水制度的顶层设计,建立健全治水的法律、法规、体制、机制,健全治水的执行机构,做到有法可依,执法严明。

文化是一种非强制性的影响力,是一种无意识的自觉,达到"行为止其所当止"。加强治水文化建设,构建人水和谐,人与自然和谐共生的命运共同体,从而实现新时代生态文明建设的美好愿景。

（三）工程治水与文化治水有机结合

新时代治水要依靠科技进步和国家的综合国力,充分利用现代科学技术手段来解决当前的水情困境,建设更完备的水利工程设施,构建更强大的森林生态系统等。但是,治水要能够成功,治水的文化作用是绝对不能忽视的,先进的治水技术必须与先进的治水文化有机结合,才能真正发挥作用。人类社会的发展总是伴随着文化的进步不断前行,物质和文化历来是人类存在的两个基本方面,两方面都会在人类社会的发展中起到积极的作用,物质方面表现为先进的生产力,这是推动社会进步的物质基础。另一方面,人类在改造自然过程中还创造了我们如何战胜自然的一种文化和精神意识的东西,就是我们一般所指的文化。文化是人类在生产生活实践中积累的智慧结晶,是我们不断前行的基础和驱动力,我们要积淀像"绿色发展""绿色生活""四水同治""五水共治""海绵国土""绿水青山就是金山银山"等这样的符合中国国情的治水新理念和新举措。人类总是在一定的物质和文化的基础上开拓未来,治水大计,文化先行,物质和文化相结合才能更有效地推动社会不断进步。在现代治水的过程中,要根据当代治水问题的具体情况,不断进行治水文化的积淀、创新和重塑,重构先进的治水文化。通过先进治水文化的引领作用,实现生态文明建设的美好愿景和中华民族的伟大复兴。

本章小结

本章分别就建设更完善的水利工程和江防体系、进一步推进植树造林和生态修复工程、科技助力提高洪水预测预警能力、全流域一盘棋统筹协同发展、加强治水法治和治水文化建设等五个方面展开分析,提出相应对策建议。做好珠江—西江域的防洪治理,确保流域江河安澜,人民安居乐业是流域各级政府经济社会发展的重大责任和治国安邦的历史使命。流域防洪治理是一项宏大的系统工程,涉及水利工程的合理布局建设、森林生态系统的恢复重建、流域生态功能区的准确划分定位、防洪抗旱预测预警及预报系统的科学建立、治水法律法规的制定和治水文化的重塑等多方面,必须全流域一盘棋,统筹治理,发扬大禹治水的精神,各省份要分工协作,万众一心,团结一致,凝聚力量,形成治水命运共同体,使中华民族几千年来追求的治水梦想和中国特色社会主义新时代生态文明建设的宏伟目标在珠江—西江流域早日得以实现。

参考文献

[1]陈润东,朱新永.西江防洪减灾现状与对策[J].人民珠江,2006(5):26—27,31.

[2]顾浩.中国治水史鉴[M].北京:中国水利水电出版社,1997.

[3]K. W. Fan. Climatic change and dynastic cycles in Chinese history: a review essay[J]. Climatic Change, 2010,(101) :565—573.

[4]J. Q. Fang ,G. Liu. Relationship between climatic-change and the nomadic southward migrations in Eastern Asia during historical times[J]. Climatic Change, 1992,(22) :151—169.

[5]X. M. Wang, F. H. Chen, J. W. Zhang, et al. Climate, desertification, and the rise and collapse of China's historical dynasties[J]. Human Ecology, 2010,(38) :157—172.

[6]D. Zhang, P. Brecke, H. Lee, et al. Global climate change, war, and population decline in recent human history[J] . Proceedings of the National Academy of Sciences of the United States of America ,2007,(104) : 19214—19219.

[7]L. Mumford. The City in History: It's Origins, It's Transformations, and It's Prospects[M]. New York: Harcourt, Brace and World,1961.

[8]史念海.中国古都和文化[M].北京:中华书局,1998.

[9]吴松弟.中国古代都城名都[M].北京:商务印书馆,1998.

[10]李凭.北魏平城时代[M].北京:社会科学文献出版社,2000.

[11]邹逸麟.中国历史人文地理[M].北京:科学出版社,2001.

[12]王仲荦.魏晋南北朝史[M].上海:上海人民出版社,1980.

[13]史苏苑.北魏孝文帝迁都洛阳评议[J].郑州大学学报(哲学社科版),1986,(6):66—72.

[14]肖黎.试论魏孝文帝的改革[J].历史教学,1980,(4):21—24.

[15]满志敏,葛全胜,张丕远.气候变化对历史上农牧过渡带影响的个例研究[J].地理研究,2000,19(2):141—147.

[16]Chu G. Q. , Sun Q. , Wang X. H. , et al. Snow anomaly events from historical documents in eastern China during the past two millennia and implication for low frequency variability of AO/NAO and PDO[J]. Geophysical Research Letters, 2008, 35(14): 63—72.

[17]Lee H. , Zhang D. Natural disasters in northwestern China, AD 1270—1949[J]. Climate Research, 2010, 41(3):245—257.

[18]D. Zhang, H. Lee, C. Wang, et al. The causality analysis of climate change and large-scale human crisis[J]. Proceedings of the National Academy of Sciences of the United States of America,2011,(108):17296—17301.

[19]W. N. Adger. Vulnerability[J]. Global Environmental Change, 2006, (16):268—281.

[20]K. B. Liu, C. M. Shen, K. S. Louie. A 1000-year history of typhoon landfalls in Guangdong, Southern China, reconstructed from Chinese historical documentary records[J]. Annals of the Association of American Geographers ,2001,(91):453—464.

[21]D. A. Wilhite, M. H. Glantz. Understanding the drought phenomenon: the role of definitions[J]. Water International, 1985,(10):111—120.

[22]任重.平城的居民规模与平城时代的经济模式[J].史学月刊,2002,(3):107—113.

[23](日)前田正名.平城历史地理学研究[M].上海:上海古籍出版社,2012.

[24]张德二,李红春,顾德隆,等.从降水的时空特征检证季风与中国朝代更替之关联[J].科学通报,2010,55(1):60—67 .

[25]B. Christiansen, F. C. Ljungqvist. The extra-tropical northern hemisphere temperature in the last two millennia: reconstructions of low-fre-

quency variability[J]. Climate of the Past ,2012,(8) :765－786.

[26]M. Tan，T. S. Liu，J. Z. Hou，et al. Cyclic rapid warming on centennial-scale revealed by a 2650-year stalagmite record of warm season temperature[J]. Geophysical Research Letters,2003,(30):1617.

[27]P. Z. Zhang，H. Cheng，R. L. Edwards，et al. A test of climate，sun，and culture relationships from an 1810-year Chinese cave record[J]. Science，2008,(322):940－942.

[28]陈新海.南北朝时期黄河中下游的主要农业区[J].中国历史地理论丛，1990,(2):127－154.

[29]张友贵,芦淑贤,王雁,等.山西省北(中)部作物冷害的初步研究[J].山西气象，2002,(3):15－18.

[30]王永丽,王珏,杜金哲,等.不同时期干旱胁迫对谷子农艺性状的影响[J].华北农学报，2012, 27(6):125－129.

[31]吴鸿宾.内蒙古自治区主要气象灾害分析 1947—1987[M].北京:气象出版社,1990.

[32]曹晓理.北魏平城地区的移民与饥荒[J].首都师范大学学报（社会科学版），2002,(2):19－23.

[33]赵文林,谢淑君.中国人口史[M].北京:人民出版社,1988.

[34]R. A. Bryson，T. J. Murray. Climates of Hunger：Mankind and the World's Changing Weather[M]. Madison：The University of Wisconsin Press，1977.

[35]K. B. Lee. A New History of Korea[M]. Cambridge：Harvard University Press,1984.

[36]Y. T. Hong，H. B. Jiang，T. S. Liu，et al. Response of climate to solar forcing recorded in a 6000-year d18O time-series of Chinese peat cellulose[J]. The Holocene,2000,(10):1－7 .

[37]J. W. Kim. A History of Korea：From "Land of the Morning Calm" to States in Conflict[M]. Bloomington：Indiana University Press,2012.

[38]刘子敏.高句丽史研究[M].延吉:延边大学出版社,1996.

[39]熊黑钢,钟巍,塔西甫拉提,等.塔里木盆地南缘自然与人文历史变迁的耦合关系[J].地理学报,2000,55(2):191－199.

[40]王守春.塔里木盆地三大遗址群的兴衰与环境变化 [J].第四纪研究，1998,(1):71－79.

[41]邱大洪.工程水文学[M].北京:人民交通出版社,2011.

[42]梁忠民,钟平安,华家鹏.水文水利计算[M].北京:中国水利水电出版社,2008.

[43]吴喜之.现代贝叶斯统计学[M].北京:中国统计出版社,2000.

[44]茆诗松,汤银才.贝叶斯统计[M].北京:中国统计出版社,2015.

[45]刘九夫,谢自银,鲍振鑫,等.洪水频率分析的次序统计量[J].水科学进展,2010,21(2):179-187.

[46]马超群,罗劲虎,杨艳,等.Gamma 分布参数多个转变点的 Bayes 推断[J].湖南大学学报(自然科学版),1999,(3):108-112.

[47]李慧珑.水文预报[M].北京:中国水利水电出版社,1992.

[48]刘志雨.我国洪水预报技术研究进展与展望[J].中国防汛抗旱,2009,(5):13-16.

[49]李崇浩,纪昌明,陈森林.水文周期迭加预报模型的改进及应用[J].长江科学院院报,2006,(23):17-20.

[50]李桓,关志成,朱诗芳.抚仙湖流域中长期水文预报方法研究[J].安徽农业科学,2013,(12):35-36.

[51]路洋,王润智,龚再陆.中长期水文预报研究评述与展望[J].黑龙江信息科技,2014,21:93.

[52]田国珍,刘新立,王平,等.中国洪水灾害风险区划及其成因分析[J].灾害学,2006,21(2):1-6.

[53]刘心玲,庞琦,张利静,等.霍林河 1998 年特大洪水调查及洪水重现期确定[J].东北水利水电,2013,(10):29-31.

[54]刘绿柳,姜彤,徐金阁,等.西江流域水文过程的多气候模式多情景研究[J].水利学报,2012,43(12):1413-1421.

[55]靳晟,雷晓云,李慧.水文 P-Ⅲ频率曲线计算软件开发研究[J].南水北调与水利科技,2009,(5):5-7.

[56]刘钧哲,马兴冠,傅金祥,等.皮尔逊Ⅲ型分布曲线的快速简便算法[J].沈阳建筑工程学院学报,2004,(1):60-62.

[57]《中国水力发电工程》编审编委会.中国水力发电工程:工程水文卷[M].中国水力发电出版社,2000.

[58]张文虎,周长友,甘申东.近岸海域水流挟沙力研究进展[J].科技导报,2018,36(14):80-87.

[59]国家标准河流悬移质泥沙测验规范 GB/T50159-2015[S].北京:中国计

划出版社,2015.

[60]汤夺先,张莉曼."大禹治水"文化内涵的人类学解析[J].中南民族大学学报,2011,(5):10-13.

[61]何慎术.广东省水文站网现状与规划建议[J].水利科技与经济,2013,(8):11-12.

附 录

附录 1：西江流域梧州水文站历年汛期洪水数据统计表

（表中水位为 85 基准基面）

时　间	水　位（m）	流　量（m³/s）	备　注
1915 年 7 月 10 日	27.80	58700	＊历史第一
1941 年 7 月 20 日	17.88	23900	
1942 年 7 月 17 日	22.65	36500	
1943 年 7 月 20 日	20.86	31500	
1946 年 8 月 6 日	21.69	33800	
1947 年 6 月 14 日	23.55	39700	
1948 年 7 月 19 日	20.29	30400	
1949 年 7 月 5 日	26.28	48900	＊历史第五
1950 年 6 月 24 日	19.85	29200	
1951 年 6 月 16 日	18.12	25300	
1952 年 6 月 3 日	19.76	29700	
1952 年 6 月 10 日	18.25	26600	

续表 1

时　间	水　位（m）	流　量（m³/s）	备　注
1952 年 7 月 17 日	18.99	28700	
1953 年 5 月 15 日	18.47	25100	
1953 年 6 月 17 日	18.03	24000	
1954 年 7 月 3 日	21.58	34600	
1954 年 4 月 28 日	18.90	25700	
1954 年 6 月 2 日	19.14	27400	
1954 年 8 月 14 日	18.77	27200	
1955 年 7 月 28 日	20.36	30400	
1955 年 6 月 22 日	17.85	23200	
1956 年 5 月 30 日	22.09	34900	
1956 年 6 月 18 日	21.25	31800	
1957 年 6 月 22 日	20.72	31300	
1958 年 9 月 23 日	17.68	25100	
1959 年 6 月 23 日	22.28	33900	
1959 年 7 月 8 日	20.43	30200	
1959 年 5 月 19 日	18.89	28300	
1959 年 8 月 18 日	16.85	22700	
1960 年 7 月 16 日	16.88	21700	
1960 年 7 月 30 日	17.17	22400	
1961 年 6 月 17 日	22.04	34300	
1961 年 8 月 8 日	20.64	30500	
1961 年 4 月 26 日	20.50	28600	
1962 年 7 月 4 日	24.72	39800	
1963 年 8 月 6 日	12.37	13400	
1964 年 8 月 16 日	20.05	29200	
1964 年 6 月 26 日	18.60	23900	
1965 年 8 月 11 日	16.53	21500	
1966 年 7 月 6 日	23.78	36100	
1966 年 7 月 16 日	22.23	32000	
1966 年 6 月 24 日	22.18	31500	
1967 年 8 月 10 日	20.48	30700	
1967 年 8 月 25 日	19.92	26900	

续表 2

时 间	水 位(m)	流 量(m³/s)	备 注
1968 年 6 月 30 日	24.66	38900	
1968 年 7 月 11 日	23.05	33700	
1969 年 8 月 17 日	19.34	27000	
1970 年 7 月 19 日	22.90	35800	
1970 年 7 月 27 日	21.24	30900	
1970 年 7 月 2 日	20.24	28700	
1971 年 6 月 9 日	19.86	28300	
1971 年 8 月 24 日	18.73	26000	
1972 年 5 月 8 日	13.82	14000	
1973 年 5 月 29 日	20.63	28700	
1973 年 6 月 6 日	20.07	27300	
1973 年 6 月 30 日	19.16	26000	
1974 年 7 月 27 日	23.87	37400	
1974 年 7 月 6 日	20.40	32600	
1975 年 5 月 22 日	19.90	24600	
1975 年 6 月 9 日	17.22	20300	
1976 年 7 月 14 日	24.96	42400	
1977 年 6 月 29 日	20.65	29700	
1977 年 6 月 13 日	18.95	25600	
1978 年 5 月 30 日	20.19	28000	
1978 年 7 月 2 日	17.30	21900	
1979 年 8 月 26 日	22.22	34700	
1979 年 7 月 4 日	21.58	33800	
1979 年 5 月 16 日	18.41	24600	
1980 年 8 月 17 日	19.31	28000	
1980 年 7 月 25 日	17.58	23200	
1981 年 7 月 30 日	18.75	24600	
1981 年 7 月 2 日	17.48	23000	
1982 年 5 月 19 日	18.24	22600	
1982 年 6 月 21 日	17.70	23800	
1983 年 6 月 26 日	22.02	36200	
1983 年 3 月 2 日	18.14	23300	

续表 3

时 间	水 位（m）	流 量（m³/s）	备 注
1984 年 6 月 4 日	17.60	22900	
1985 年 9 月 5 日	16.21	21600	
1986 年 7 月 9 日	19.19	27100	
1986 年 7 月 31 日	18.87	26500	
1986 年 6 月 15 日	17.39	21600	
1987 年 7 月 7 日	17.10	21300	
1988 年 9 月 3 日	24.61	42500	
1988 年 7 月 2 日	17.73	25600	
1989 年 7 月 5 日	16.49	21400	
1990 年 6 月 3 日	17.92	23200	
1990 年 7 月 4 日	17.91	23300	
1991 年 6 月 14 日	17.34	23900	
1991 年 8 月 17 日	17.38	22300	
1992 年 7 月 8 日	22.28	34300	
1992 年 5 月 19 日	16.54	20200	
1993 年 7 月 12 日	21.87	34900	
1993 年 6 月 20 日	19.06	24200	
1994 年 6 月 19 日	26.64	49100	＊历史第四
1994 年 7 月 24 日	25.18	38400	
1994 年 8 月 12 日	22.04	31000	
1995 年 6 月 11 日	21.11	30400	
1995 年 8 月 25 日	16.91	21200	
1996 年 7 月 22 日	24.03	39800	
1996 年 7 月 3 日	22.16	32900	
1996 年 8 月 23 日	18.69	25100	
1997 年 7 月 10 日	25.04	43800	
1997 年 8 月 13 日	20.86	30100	
1997 年 7 月 16 日	19.88	26400	
1998 年 6 月 28 日	27.23	52900	＊历史第三
1998 年 7 月 28 日	20.73	30800	
1999 年 7 月 15 日	21.71	35700	

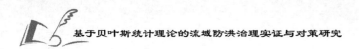

续表4

时 间	水 位（m）	流 量（m³/s）	备 注
1999 年 7 月 21 日	20.54	31400	
1999 年 9 月 3 日	19.88	29300	
2000 年 6 月 14 日	21.25	34300	
2000 年 6 月 27 日	18.96	26300	
2001 年 6 月 14 日	22.77	36700	
2001 年 7 月 10 日	22.63	36000	
2002 年 6 月 19 日	24.13	38900	
2002 年 7 月 3 日	22.74	34100	
2002 年 7 月 28 日	19.51	25600	
2002 年 8 月 23 日	24.76	37000	
2003 年 6 月 30 日	18.40	26800	
2004 年 7 月 14 日	21.60	37500	
2004 年 7 月 24 日	23.38	37600	
2005 年 6 月 23 日	27.48	53700	＊历史第二
2006 年 7 月 19 日	21.03	32400	
2006 年 8 月 10 日	18.49	25200	
2006 年 6 月 9 日	17.16	22400	
2007 年 6 月 11 日	19.40	28800	
2008 年 6 月 15 日	24.84	45400	
2008 年 11 月 9 日	17.46	25100	
2008 年 7 月 14 日	16.78	23600	
2009 年 7 月 7 日	21.82	34500	
2009 年 7 月 30 日	15.16	17900	
2010 年 6 月 23 日	18.78	25800	
2011 年 5 月 15 日	14.28	19500	
2012 年 6 月 25 日	17.22	24300	
2013 年 8 月 20 日	17.69	23800	
2014 年 6 月 7 日	17.22	26200	
2015 年 6 月 16 日	19.30	28700	
2016 年 6 月 18 日	19.86	30200	
2017 年 7 月 4 日	23.10	38300	

续表 5

时　　间	水　位（m）	流　量（m³/s）	备　　注
2018 年 7 月 10 日	12.19	16500	
2019 年 7 月 16 日	19.90	31400	
2020 年 6 月 9 日	20.72	31900	

数据来源：广西梧州市水文水资源局（该数据为可公开的水文数据）。

注：1. 一年内有几次大的洪水也同时记录；

　　2. 有水文记录以来前五名的洪水在备注打 * 号；

　　3. 因战争原因，解放前有部分年份数据缺失。

附录 2：洪水预测预警系统 V1.0 使用说明书

一、系统简介

为便于对江河洪水的流量与水位进行预测预警，基于 Windows 平台，采用 B/S 模式设计并实现了本研究开发的一个基于二阶合成流量模型的"洪水预测预警系统"（以下简称为本系统）。

本系统在 Windows 7 上进行开发，所使用的开发环境为：

- Web 服务器：IIS7；
- 数据库管理系统：SQL Server 2008；
- 开发工具：Microsoft Visual Studio 2010；
- 编程语言：ASP. NET 、C♯；
- 浏览器：IE8、360 安全浏览器 8 或其他。

本系统具有一定的通用性与灵活性，且易于使用，可在 Windows XP、Windows Server 2003、Windows 7 等操作系统中正常运行，能在一定程度上满足有关单位或机构在江河洪水预测预警方面的基本需求。

本系统为国家社会科学基金项目"基于贝叶斯统计理论的流域防洪治理实证与对策研究（16XTJ002）"的研究成果之一。

二、系统的安装方法

本系统基于 . NET Framework 4.0，其运行需以 IIS 为 Web 服务器，并以 SQL Server 2008 为数据库管理系统。假定已安装了 . NET Framework 4.0，并启用 Internet 信息服务（IIS）功能，同时已安装并启动了 SQL Server 2008（Enterprise Edition），那么在 Windows 7 中安装本系统的方法如下：

1. 启动 SQL Server Management Studio，将本系统的数据库 sosfm 附加到 SQL Server 服务器上。

2. 打开"控制面板"窗口,然后单击其中的"管理工具"项目,打开"管理工具"窗口(如图1所示)。

图1

3. 双击"Internet 信息服务(IIS)管理器"快捷方式,打开"Internet 信息服务(IIS)管理器"窗口(如图2所示)。

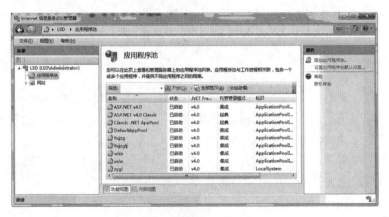

图2

4. 在左侧的"连接"窗格中选中"应用程序池",然后在右侧的"操作"窗格中单击"添加应用程序池"链接,打开"添加应用程序池"对话框(如图3所示)。

5. 在"名称"编辑框处输入相应的名称(在此为"sosfm"),在".NET Framework 版本"下拉列表框中选中".NET Framework v4.0.30319"(如图4

所示），然后单击"确定"按钮，关闭"添加应用程序池"对话框。

图 3　　　　　　　　　　　　　图 4

6. 在"应用程序池"列表中选中所创建的应用程序池（在此为"sosfm"），然后在右侧的"操作"窗格中单击"高级设置"链接，打开"高级设置"对话框（如图 5 所示）。

7. 单击"进程模型"处"标识"右方的"..."按钮，并通过随之打开的"应用程序池标识"对话框选中"内置账户"单选按钮及"localsystem"选项（如图 6 所示），然后单击"确定"按钮，关闭"高级设置"对话框。

图 5　　　　　　　　　　　　　图 6

8. 在左侧的"连接"窗格中展开"网站"，然后右击其下的"Default Web Site"，并在其快捷菜单中单击"添加应用程序"命令，打开"添加应用程序"对话框（如图 7 所示）。

9. 在"别名"编辑框处输入相应的别名（在此为"sosfm"），然后单击"应用程序池"右方的"选择"按钮，并通过随之打开的"选择应用程序池"对话框选中所需要的应用程序池（在此为"sosfm"），接着再单击"物理路径"右方的"…"
按钮，并通过随之打开的"浏览文件夹"对话框选中本系统的存放路径（在此为
"D:\LsdWWW\sosfm"）（如图8所示），最后再单击"确定"按钮，关闭"添加应
用程序"对话框。

图 7   图 8

至此，本系统的安装即告完毕。此后，只需打开浏览器，然后在地址栏中
输入地址"http://localhost/sosfm/login.aspx"并回车，即可打开如图9所示
的"系统登录"页面。如果要在网络中的其他计算机上访问本系统，只需将地
址中的"localhost"替换为安装本系统的计算机的域名或IP地址即可。

图 9

三、系统的使用方法

本系统主要用于对江河洪水的流量与水位进行预测预警，功能较为齐全，
包括用户管理、控制站点、模型参数、断面流量、预测结果等功能模块。

本系统的用户分为两种类型，即系统管理员与普通用户。各用户须登录
成功后方可使用有关的功能，使用完毕后则可通过安全退出（或注销）功能退

出系统。作为系统管理员,可执行系统的所有功能,但密码设置功能仅限于修改自己的密码。至于普通用户,则只能执行断面流量模块的功能以及密码设置与安全退出功能(其中,密码设置功能也仅限于修改自己的密码)。

为方便起见,本系统内置了一个系统管理员用户与一个普通用户。其中,内置系统管理员用户的用户名与密码分别为"admin"与"12345",内置普通用户的用户名与密码分别为"abc"与"123"。

(一)系统的设置步骤

初次使用本系统时,应先完成相应的设置,主要步骤包括:

1. 以内置(默认)系统管理员用户的身份使用用户管理功能创建其他的系统管理员用户以及相应的普通用户,并更改内置系统管理员与普通用户的密码。

2. 以系统管理员的身份使用控制站点模块的功能设定各个控制站点的编号、名称及其他有关信息。

3. 以系统管理员的身份使用模型参数模块的功能设定各个预测站点的二阶合成流量模型参数及有关信息。

(二)系统的使用要点

本系统的有关功能及其使用要点如下:

1. 系统登录

系统登录功能用于对登录用户进行检验,并确定其用户类型。本系统的"系统登录"页面如图 9 所示。在此页面中,输入正确的用户名与密码,再单击"确定"按钮,即可打开系统主界面。

图 10 和图 11 分别为系统管理员用户与普通用户登录成功后的系统主界面。其实,除了所显示的用户信息不同以外,二者是一样的。

图 10

图 11

2. 密码设置

密码设置功能用于设置或更改当前用户（系统管理员或普通用户）的登录密码。在系统主界面中单击"密码设置"链接，将打开如图 12 所示的"密码设置"页面。在其中输入欲设置的密码后，再单击"确定"按钮，即可完成密码的设置或更改，并显示如图 13 所示的"操作成功"页面。

图 12

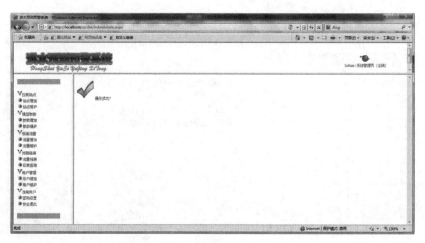

图 13

3. 用户管理

用户管理功能用于对系统的用户（系统管理员与普通用户）进行管理，包括用户的增加与维护，而用户的维护又包括用户的查询、修改、删除与密码重置。本系统规定，用户管理功能只能由系统管理员使用。

（1）用户增加

在系统主界面中单击"用户增加"链接，若当前用户为普通用户，将打开如图 14 所示的"您无此操作权限！"页面；反之，若当前用户为系统管理员，将打开如图 15 所示的"用户增加"页面。在其中输入用户名并选定相应的用户类型后，再单击"确定"按钮，若能成功添加用户，将显示如图 16 所示的"操作成功"页面。在本系统中，新增用户的密码与其用户名相同。

图 14

图 15

图 16

（2）用户维护

在系统主界面中单击"用户维护"链接，若当前用户为普通用户，将打开相应的"您无此操作权限！"页面；反之，若当前用户为系统管理员，将打开如图 17 所示的"用户管理"页面。该页面以分页的方式显示出系统的有关用户记录（每页显示 10 个用户记录），并支持按用户名对系统用户进行模糊查询，同时提供了增加新用户以及对各个用户进行修改或删除操作的链接。其中，"增加"链接的作用与系统主界面中的"用户增加"链接是一样的。

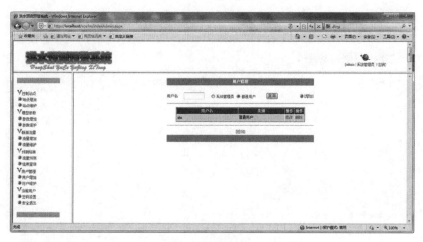

图 17

为查询用户,只需在"用户管理"页面的用户名文本框中输入相应的查询条件,并选中"系统管理员"或"普通用户"单选按钮,然后再单击"查询"按钮即可(如图 18 所示)。

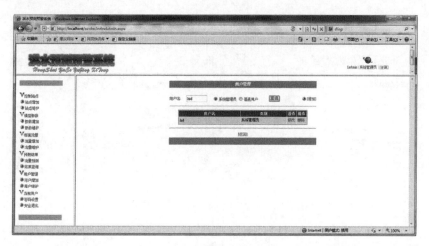

图 18

为修改用户,只需在用户列表中单击相应用户后的"修改"链接,打开如图 19 所示的"用户修改"页面,并在其中进行相应的修改,最后再单击"确定"按钮即可。注意,用户名是不能修改的。此外,若选中"密码"处的"重置"复选框,则可重置用户的密码。为简单起见,在本系统中,重置密码就是将指定用户的密码修改为用户名本身。

图 19

为删除用户,只需在用户列表中单击相应用户后的"删除"链接,打开如图 20 所示的"用户删除"页面,然后再单击"确定"按钮即可。注意,内置系统管理员用户"admin"是不能删除的。

图 20

4. 控制站点

控制站点模块用于对江河的控制站点进行管理,包括控制站点的增加与维护,而控制站点的维护又包括控制站点的查询、修改与删除。本系统规定,控制站点模块的功能只能由系统管理员使用。

(1)站点增加

　　在系统主界面中单击"站点增加"链接,若当前用户为普通用户,将打开相应的"您无此操作权限!"页面;反之,若当前用户为系统管理员,将打开如图 21 所示的"站点增加"页面。在其中输入站点的编号与名称,并设定是否有上、下游站点,同时根据需要输入下游站点的编号、至下游站点的相间河长与汇流时间,最后再单击"确定"按钮,若能成功添加站点,将显示相应的"操作成功"页面。

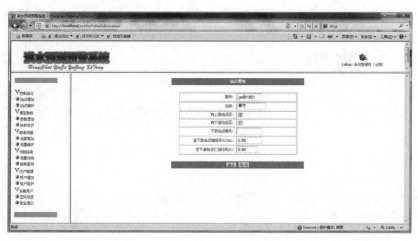

图 21

　　(2)站点维护

　　在系统主界面中单击"站点维护"链接,若当前用户为普通用户,将打开相应的"您无此操作权限!"页面;反之,若当前用户为系统管理员,将打开如图 22 所示的"站点管理"页面。该页面以分页的方式显示出系统的有关站点记录

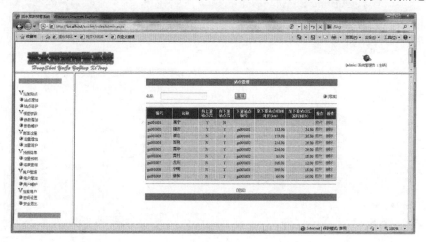

图 22

（每页显示 10 个站点记录），并支持按名称对站点进行模糊查询，同时提供了增加新站点以及对各个站点进行删除或修改操作的链接。其中，"增加"链接的作用与系统主界面中的"站点增加"链接是一样的。

为查询站点，只需在"站点管理"页面的名称文本框中输入相应的查询条件，然后再单击"查询"按钮即可（如图 23 所示）。

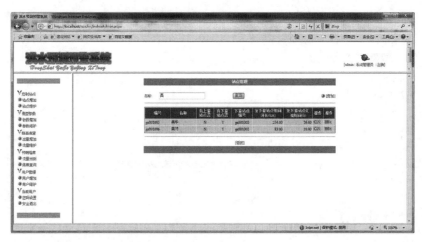

图 23

为修改站点，只需在站点列表中单击相应站点后的"修改"链接，打开如图 24 所示的"站点修改"页面，并在其中进行相应的修改，最后再单击"确定"按钮即可。

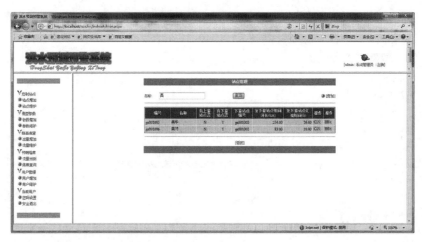

图 24

　　为删除站点,只需在站点列表中单击相应站点后的"删除"链接,打开如图25所示的"站点删除"页面,然后再单击"确定"按钮即可。

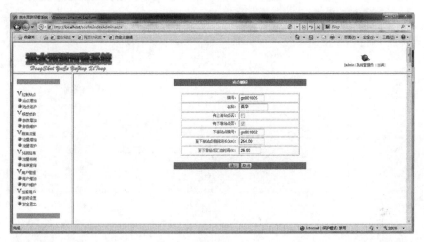

图 25

5. 模型参数

　　模型参数模块用于设定各个预测站点的二阶合成流量模型参数及有关信息,包括模型参数的增加与维护,而模型参数的维护又包括模型参数的查询、修改与删除。本系统规定,模型参数模块的功能只能由系统管理员使用。

　　(1)参数增加

　　在系统主界面中单击"参数增加"链接,若当前用户为普通用户,将打开相应的"您无此操作权限!"页面;反之,若当前用户为系统管理员,将打开如图26所示的"参数增加"页面。在其中选定相应的预测站点,并要求输入其二阶合成流量模型的有关参数及其他相关信息,同时选定是否开始进行预测,最后再单击"确定"按钮,若能成功添加参数,将显示相应的"操作成功"页面。注意,本系统规定,预测站点的上游一级站点与上游二级站点通过相应的以中文叹号"!"分隔的编号字符串表示(如"gx001002! gx001003!"),而预警标准则通过相应的以中文叹号"!"分隔的由小到大的"预警颜色:预警水位值"表示(如"蓝色:69! 黄色:72! 橙色:75!",其中预警颜色与预警水位值以英文冒号":"分隔)。

(a)

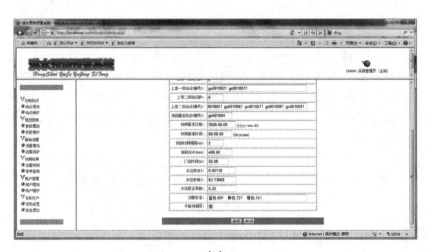

(b)

图 26

（2）参数维护

在系统主界面中单击"参数维护"链接，若当前用户为普通用户，将打开相应的"您无此操作权限！"页面；反之，若当前用户为系统管理员，将打开如图27所示的"参数管理"页面。该页面以分页的方式显示出系统的有关参数记录（每页显示 5 个参数记录），并支持按站点名称对参数进行模糊查询，同时提供了增加新参数以及对各个参数进行删除或修改操作的链接。其中，"增加"链接的作用与系统主界面中的"参数增加"链接是一样的。

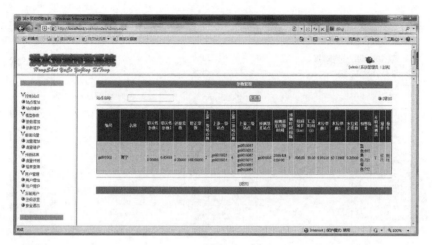

图 27

　　为查询参数,只需在"参数管理"页面的站点名称文本框中输入相应的查询条件,然后再单击"查询"按钮即可(如图 28 所示)。

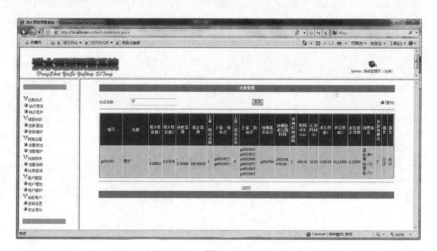

图 28

　　为修改参数,只需在参数列表中单击相应参数后的"修改"链接,打开如图 29 所示的"参数修改"页面,并在其中进行相应的修改,最后再单击"确定"按钮即可。

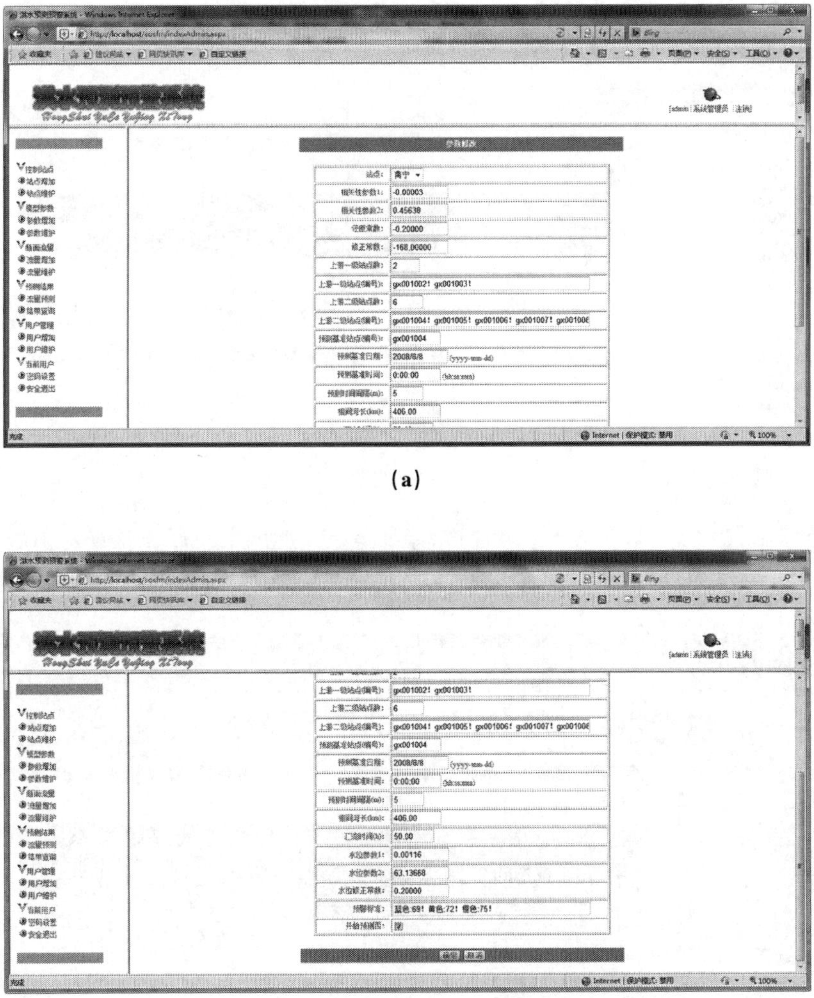

(a)

(b)

图 29

为删除参数,只需在参数列表中单击相应参数后的"删除"链接,打开如图 30 所示的"参数删除"页面,然后再单击"确定"按钮即可。

6. 断面流量

断面流量模块用于对各个控制站点的断面流量及其水位进行管理,包括流量的增加与维护,而流量的维护又包括流量的查询、修改与删除。本系统规定,断面流量模块的功能可由系统管理员或普通用户使用。

(1)流量增加

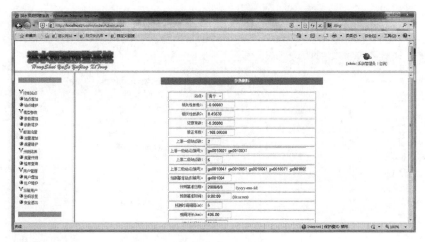

(a)

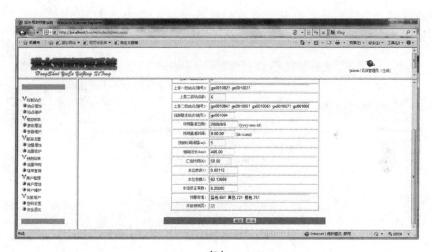

(b)

图 30

在系统主界面中单击"流量增加"链接,将打开如图 31 所示的"流量增加"页面。在其中选定相应的站点,然后输入相应的日期、时间、流量与水位,最后再单击"确定"按钮,若能成功添加流量,将显示相应的"操作成功"页面。

(2)流量维护

在系统主界面中单击"流量维护"链接,将打开如图 32 所示的"流量管理"页面。该页面以分页的方式显示出系统的有关流量记录(每页显示 10 个流量记录),并支持按站点名称与日期范围对流量进行查询,同时提供了增加新流

211

图 31

量以及对各个流量进行删除或修改操作的链接。其中,"增加"链接的作用与系统主界面中的"流量增加"链接是一样的。

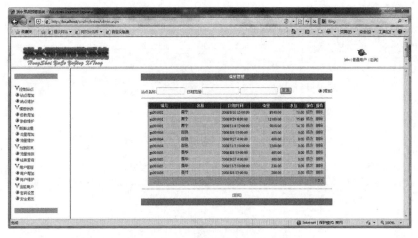

图 32

为查询流量,只需在"流量管理"页面的输入相应的查询条件,然后再单击"查询"按钮即可(如图 33 所示)。

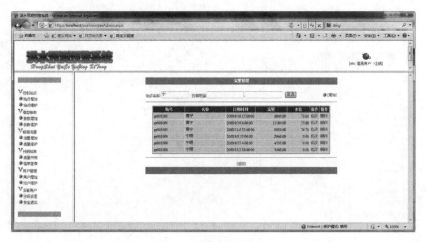

图 33

为修改流量，只需在流量列表中单击相应流量后的"修改"链接，打开如图 34 所示的"流量修改"页面，并在其中进行相应的修改，最后再单击"确定"按钮即可。

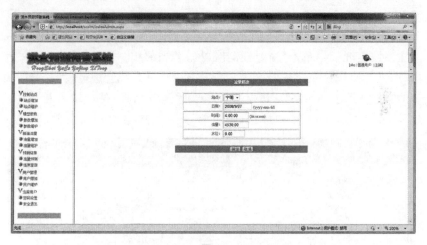

图 34

为删除流量，只需在流量列表中单击相应流量后的"删除"链接，打开如图 35 所示的"流量删除"页面，然后再单击"确定"按钮即可。

213

图 35

7. 预测结果

预测结果模块用于根据系统设定的模型对有关站点的流量及其水位进行预测预警,包括流量的预测与结果的查询。本系统规定,预测结果模块的功能只能由系统管理员使用。

(1)流量预测

在系统主界面中单击"流量预测"链接,若当前用户为普通用户,将打开相应的"您无此操作权限!"页面;反之,若当前用户为系统管理员,将打开如图 36 所示的"流量预测"页面。在其中选定相应的预测站点,然后输入相应的日期与时间,最后再单击"确定"按钮,若符合预测所需要的各项条件,将打开如

图 36

图 37 所示的"预测结果"页面以显示相应的预测结果。

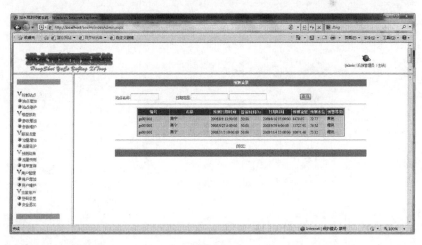

图 37

(2)结果查询

　　在系统主界面中单击"结果查询"链接,若当前用户为普通用户,将打开相应的"您无此操作权限!"页面;反之,若当前用户为系统管理员,将打开如图 38 所示的"预测流量"页面。该页面以分页的方式显示出系统的有关预测流量记录(每页显示 10 个预测流量记录),并支持按站点名称与日期范围对预测流量进行查询。

图 38

　　为查询流量,只需在"流量管理"页面的输入相应的查询条件,然后再单击"查询"按钮即可(如图 39 所示)。

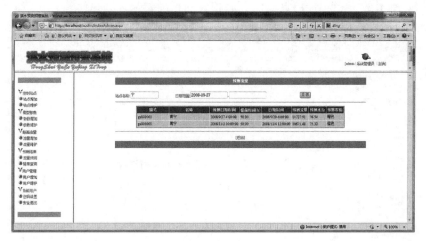

图 39

8. 安全退出

安全退出功能用于清除当前用户（系统管理员或普通用户）的有关信息并退出系统。在系统主界面中单击"安全退出"链接（或"注销"链接），将直接关闭系统的主界面，并重新打开"系统登录"页面（如图 9 所示）。